谁说咸鱼没有梦想

水湄物语 著

北京联合出版公司
Beijing United Publishing Co.,Ltd.

图书在版编目（CIP）数据

谁说咸鱼没有梦想 / 水湄物语著. —北京 : 北京联合出版公司，2015.10

ISBN 978-7-5502-6440-3

Ⅰ. ①谁… Ⅱ. ①水… Ⅲ. ①成功心理－青年读物 Ⅳ. ①B848.4-49

中国版本图书馆CIP数据核字(2015)第239235号

谁说咸鱼没有梦想

作　　者：水湄物语

责任编辑：夏 应 鹏

北京联合出版公司出版

（北京市西城区德外大街 83 号楼 9 层　100088）

北京鹏润伟业印刷有限公司　　新华书店经销

字数：143千字　　880 毫米 ×1230 毫米　1/32　　印张：8.25

2015 年 10 月第 1 版　　2015 年 10 月第 1 次印刷

ISBN 978-7-5502-6440-3

定价：35.00 元

推荐序

有钱人想的真的和我们不一样

文 /meiya

如果有人想从零基础开始学习投资，水湄会是个很好的老师。她会告诉你买衣服和投资有什么相同之处，她也会告诉你娶老婆和投资有什么相同之处，同时，她还会对目前的理财产品，比如各种宝的收益和风险进行理性分析和点评……她能用生动有趣又通俗易懂的语言将投资理财的各种术语和概念讲得明白透彻，帮助一个投资小白迅速成长。

如果你看了这本书，学习到水湄教你的基础的投资知识，那我只能说你是个很一般的学生，但是如果你能学习到作者思考问题、解决问题的方法，那你就是个非常优秀的学生。

讲一个我朋友佳佳的故事。佳佳是上海人，她的父母虽是普通的工薪阶层，但是他们很年轻时就开始投资了，所以等到他们退休时，家里不仅有了三套房子，还有不少存款，这些都是有形资产，当然还有无形资产，就是佳佳的老妈将自己投资理财的思维方式传授给了女儿。佳佳大学毕业刚参加工作那会儿就知道购买风险低的基金产品了。在2014年股市很好的时候，她开始炒股，等到股市动荡时她又能及时止损，于是这一年挣了几十万。

佳佳曾和我讲过她和妈妈之间有关投资的一件小事。佳佳从朋友那里听说了一个理财产品，她在网上查了相关资料，自己想了想，觉得收益还是很不错的，投资的风险她也能够承担，打算买十万元的理财产品，但彼时她刚装修了新房，手头上可以投资的钱并不多，于是她向自己老妈借了六万块。借钱时，她对老妈说，有两种借钱模式，一是你借我六万，赚了钱我们四六分，亏了钱，我把六万本金还给你；二是你借我六万，到时我按照银行定存的利息，连本带息还你。她的老妈选择了第一个借钱模式。后来，理财产品赚了钱，她和自己的老妈一起分享了投资成功的果实。

有钱人想的真的和我们不一样，这个朋友的故事和水湄的书都让我看到有钱人具有的共同的思考问题的方式和方法。

一、直面金钱的重要性。蔡康永在一期电视节目中谈到自己的一个体会，他在网络上写很多的文字，每次他一谈到金钱对人生有一定程度的重要性时，认可度和转发量一定非常低，而谈到理想啊、浪漫爱情啊，认可度和转发量就很高。但是现实是，金钱真的很限制一个人的发展，尤其在现在这个时代，人人都能感受到金钱的压力，但很多人不愿意承认和面对这一点。我接触到很多文艺青年也是如此，无视金钱的重要性，甚至鄙视金钱，看不起有钱人，但是到头来受伤的总是自己，发现没钱的日子无法将自己的生活过得幸福。鲁迅曾说："自由固不是钱所能买到的，但能够为钱而卖掉。"有钱人的思维则不同，他们能够直面金钱的重要性，理直气壮地爱钱，愿意学习如何创造更多的物质财富，过更自由富足的人生。

二、用钱赚钱。有钱人会把钱当成自己赚钱的重要资源，打个简单比方，钱就是他的雇员，他则是老板，让钱为自己卖力干活，创造更多的钱。而穷人往往想不到这一点，只认为钱能消费，钱越用越少，想让钱减少的速度慢一点，那就省一点花，看着钱花出去了，就更努力地赚钱。所以，富人的思维是让钱赚钱，让钱为自己工作，穷人想不到钱可以赚钱，而仅仅是自己要努力为钱工作。

三、明白省钱的关键。就算是省钱，富人的思维和穷人的思维也是不同的，水湄在书中写道：有的人费尽心思比较哪一个打车软件更省钱，其实真的省不了几个钱。省钱不在技巧，而在于明白哪里才是省钱的关键。就像你为了省钱，冬天花个两三百块买大衣，衣服质量差，穿了一两次就扔了，接着又买一件便宜的，然后每年冬天都要买大衣，这和你买一件上千元品质好的大衣，不仅可以穿很多年，穿着也舒服比起来，后者反而更省钱。富人的思维是能关注大目标，看到关键部分；穷人的思维是关注小目标，看不到重点所在，格局显得太小。

四、独立思考的能力。这一点在水湄的书中也反复强调。不少人投资时缺乏独立思考和判断的能力，听从小道消息，别人说买什么赚钱，就赶紧买买买，导致投资失败。富人的思维方式是听到各种消息时，愿意花时间收集更多资料和信息，思考听到的消息是否靠谱，最后才做出是否投资的决定，不会因为盲目和冲动让自己遭受不必要的损失。

五、目光长远，能够克服自己人性中的急功近利。巴菲特的一个段子经常被人引用。亚马逊创始人Bezos问巴菲特：“你那套投资理论没人抄袭吗？”巴菲特回答道：“没人愿意慢慢变得富有。”巴菲特还曾说过：“如果你不愿意持有一只股票十年，请不要考虑拥有它十分钟。” 像巴菲特之类卓著的投资人所拥有的投资理念和能力其实是反人性的，即克服人性中的急功近利，懂得慢慢等待。如果说这世上有什么亘古不变的道理，那“不要相信任何方式能够速成”，应该算是一条。如果有人告诉你，有个方法能让你一夜暴富，还没有任何代价和风险，你应该知道这是谎言。不过，我们很多人因为克服不了自己的急功近利，所以容易在投资时上当受骗。

以上仅是我个人的一些总结和体会，也许你看了这本书会有更多更不一样的感悟，我想这也是极好的。虽然每个人领会到的东西不同，但是阅读或者持续学习、追求成长的态度是相同的，也是难能可贵的。富人思维中还有一条就是“活到老，学到老”。学习，是改变人的思维、提高人的创造力、丰富一个人人生的重要方式。

水湄在我眼中是那类通过自己努力打拼和聪明投资成为有钱人中的代表人物，他们不是富二代，也不是官二代，所以，他们创造财富的方法，那些投资的技巧，是很值得我们学习的。不过在我看来，这些理财知识当然重要，但只在“术”的层面，我们还可以学习到其中的“道”。对许多年轻人来说，更为重要的是学习投资者，即那些我们认为的有钱人的思维方式和心态。如果我们能学习到他们的思维方式，那我们就开始走在变得有钱的路上了。如果我们拥有一种富人心态，相信我们也能创造出更多的属于自己人生的财富，内在外在都丰盛富足，自由绽放。

推荐序

学习的密码

文／恶魔的奶爸

水湄找我，说她新书要出版，希望我给写个序。

我习惯性接了一句："那好吧，你需要我给你的序里加多少特技？写写我是如何通过学习投资、毕业三年就买了别墅开上宝马的？"

她回："这样当然好啦！但问题是你有吗？"

我说："当然没有，不然怎么能说是加特技呢！"

她说："那是弄虚作假了，我们不做这种事，就说说你是怎么看待学习这件事吧，英语学习和投资学习，都离不开'学习'两个字，也算异曲同工。"

我在网上被人最看重的一个身份就是英文培训老师，而且是一个号称高效有趣的英文老师，大家看见我都有种总算遇到老中医了，多年的前列腺问题终于有治的感觉。

这也是我长久以来最头痛的问题：学习这种事情，和前列腺疾病不一样，不是光靠寻医问诊就能解决的，最关键的核心还是在于自身。

我个人对投资理财并不是很了解，但是针对个人这个所谓关键核心的自身学习却有不少体会，在这里，我只想说两点：

第一，坚持，坚持，还是坚持。

坚持某一个技能学习，从一开始的热情满满到最后取得较为长足的进步，一般只有万分之五的概率，在我个人的英文分享和英文教学生涯中，我也能发现，导致学习成功的关键因素还是坚持，矢志不渝地坚持。要保持一个长期的学习和坚持过程，而不是短暂的五分钟打鸡血。

第二，学习和坚持都不是苦力活，要讲究方法。

方法1：必须保持良好的作息和充足的睡眠。

虽然谈的是学习，但是学习必须要有精力，必须做到早睡早起，睡眠充足，每天不少于7个小时。

方法2：努力坚持100天以上。

坊间一直都有21天养成习惯的说法，根据我个人的经验，21天还是太短，100天刚好，可以形成一个较强的良好习惯。

方法3：始终保持个人情绪方面的正向激励，而不是负面的。

同样的，国内流行一种自我仇恨式的努力奋发方法，以自我贬低、自我谩骂的激励方法最流行，常见的话语如：

胖子没有未来！

滚去背单词！

觉得自己很没用，要奋起！

想狠狠地骂自己！

这种类似的情绪最好不要有，过分地强调扩大某一种行为的情绪，会导致自己更容易往这方面的行为去靠拢，具体点来说就是，学习中断，三心二意，是非常非常非常正常的事情，如果你能够不中断地坚持到底，这才是不正常的。

所以，你需要的是正面的自我激励和认知，不要对自己失败的经历斤斤计较，而要多注意自己成功的经历，比如说：看完一本书，不要觉得，才看了一本，进度真慢，而应该夸奖下自己，又看完了一本，真是棒棒哒！比如说：坚持了三天，没忍住跑出去看了场电影，不要太自责，而是说坚持三天了呢，下次一定可以坚持到一周的，继续努力呀！多注意自己成功的经历，对自己进行夸奖和鼓励，这会让你成功的经历和行为越来越多，慢慢实现长时间的坚持，这非常重要。

方法4：注意阅读方法。

很多人觉得读书是个万能的事儿，似乎只要读书了，什么都能搞定，我会自动成为一个优秀的人，一个有趣的人，一个渊博的人，一个有钱人。但是现实很令人沮丧，读书没有方法，比不读还糟糕。

因此，首先要确定目标，根据设定的目标和自己所处的阶段来选择书籍。

如果你想获得一个好身材，那么应该选择健身的书籍来读，当然如果你一口气连3公里都跑不了，就不用先看《如何提高马拉松成绩》之类的书籍。

如果你想提高生活质量，那么就应该多读一些投资理财方面的书，零基础小白可以从水湄物语的这本《谁说咸鱼没有梦想》开始。

其次，光是读书不行，要大胆地去实践运用。

陆游曾经说过，纸上得来终觉浅，绝知此事要躬行。这句话，就技能性的学问来说，还是非常正确的。

想获得某种实践性的学问，仅仅停留在看书上是学不好的。练英语口语，不开口永远无法学会，正如水湄物语在本书中的一篇文章《你的游泳是看书学会的吗》，投资也是一门很具有实践性的学问，可以从书本开始，但不能在书本结束。

所以，一定要广泛阅读，大胆运用实践。

以上就是我想说的有关学习的正确方法，没有加过特技，但如果你能遵守这些学习的密码，突破英语难关，或通过投资实现金钱增值，都指日可待。

推荐序

理财需要问的三个问题

文／三公子

5年前，当我开始研究“理财”这件事的时候，我只知道“存钱”和“记账”是一种理财方式；3年前，当我拥有人生第一桶金的时候，我开始知道投资“基金”是一种理财方式；2年前，当我更多地接触“钱生钱”的概念时，我开始明白“股市”是一种理财方式；1年前，当我投入证券市场的钱越来越多，而市场风云变化愈加不可捉摸时，我渐渐懂得理财不是简单的存钱、记账、购买金融产品，而是一个自我资产管理的投资体系。

首先，理财的目标是什么？是为了短期发展，是中长期职业规划，还是为了长远的人生追求？不同的目标，对理财的要求就会不同。不同的目标，对理财的选择方式就不同。

其次，理财的方式有哪些？是稳妥的现金存款，是快捷便利的各种货币基金，是风险难以预测的基金股票，还是更多看不懂、参不透的其他金融产品？每一种产品都有其自身的安全要素和风险要素，该如何去选择，又该如何去组合搭配？

再者，作为一个理财实施主体的自身而言，对自己了解多少？是一个抗拒风险、追求安全的稳妥谨慎者，还是一个不痛苦不刺激就体会不到资本逐利快乐的勇敢冒险者？

以上是所有决定开启“理财”这个课程的朋友们必须解决的三个问题。只有清楚了解自己的风格，明白自己的理财目标，并且掌握了理财方式，才能有的放矢地去搭建一个适合自己的投资体系。

“自身风格”和“理财目标”，是可以通过自问自答得到答案的，“理财方式”可以通过水湄的这本理财入门书寻求到答案。她的关键词——“零投资”所针对的对象，就是包括我在内的无数理财小白们。从货币基金、逆回购到更高级的基金投资和股票选择，水湄用可读性极高的语言，将这些看似生涩的理财知识解释得风趣自然、清楚明白。她用自己的方式传递给我们一个信号，那就是“理财”不是专业人员独占的领域，也没有什么神秘的外衣，每一个有理财志向的小白们完全可以通过阅读，通过学习，继而通过对这些知识的掌握去管理自己的金钱。

当吸纳了这些基础的理财知识后，我们就可以充分发挥自己的主观能动性，在最有把握、最擅长的领域精耕细作，借助“时间+复利”这个神奇的工具，帮助我们的钱生产更多的钱，帮助我们的资产在对抗通货膨胀的战役中处于上风，帮助我们改变曾经并不满意的生活，帮助我们在追求梦想的道路上更加自如和顺心。

最后，我还想跟大家说，理财是一个自我资产管理的投资体系，这个体系的形成不是一蹴而就的，必须不断地学习和积累，不断地实践操作和反思，只有在失败的历练下，才能真正成长。

祝愿大家在理财这条道路上，走得一路顺风！

自序

金钱带给我的那些财富

写文章的这个时候，嘟胖了（我家胖儿）睡得很沉，暖千同学（我家先生）在书房面对电脑鏖战，QQ 上，长投网的小伙伴不时跳出来跟我讨论下下周的工作计划。夏日夜里凉爽的空气，手边沁凉的西瓜，电脑键盘清脆的声音，这一切，大约只能用“幸福”两个字来形容。

不过在我三十岁前的时候，日子似乎并没有过得那么好。我曾经在上一本书《三十岁前的每一天》的自序中说到那个时候，那一年的冬日，天气格外寒冷，一个人在异地，临近年关，没有家人、爱人和朋友的陪伴，对工作厌倦，对前途迷茫，对自己毫无信心。

这一切是怎么改变的？

再回到30岁那一年的冬日，利用加班之外不多的业余时间看闲书，言情武打推理穿越，心理财经励志宫斗，马尔克斯马来西亚马达加斯加，总之抓到手里就看，看得昏天黑地，不知怎的莫名其妙地又看了一遍《富爸爸穷爸爸》。

这本书很多年以前看过，第一次看的时候认识到了钱是好东西，而聪明的头脑能带来更多的金钱。再看的时候是第一次创业，认识到通过创立企业可以改变人生。后来似乎又陆续看过几次，每次的感受都不同，这次看完，突然醍醐灌顶一般，看到了四个字："财务自由"。

什么是财务自由？

嗯，被动收入大于主动收入。扳着手指算了一算，嗯，没有房租没有投资没有版税没有企业，被动收入小于等于零。突然间，一直引以为傲的咨询行业的高薪，变得没有了吸引力。大约每个人都经历过这样一些人生中的重要时刻，失恋的时候突然想明白了自己的价值，被老板骂的时候猛然醒悟自己的职业方向，总之，我觉得那一刻我醍醐灌顶，满脑袋飘浮的就是"我要自由啊自由啊自由！躺在床上也能钱生钱啊钱，我要提前退休提前退休，在一个海岛上钓鱼种花养狗看书！"

之后就是疯魔一样地在网上找资料，学习，找资料，与人交流。看基金看股票看房产，买基金买股票买房子，中间掉过坑里也栽过沟里，当然慢慢总结经验吸取教训，然后从坑里沟里艰难地爬出来。

然后，我的人生就发生了翻天覆地的变化。

第一个变化是职业：认真思考之后，我下定决心辞职了。因为那个时候突然意识到，咨询行业的高薪是用大量的时间换来的，如果下定决心走财务自由的这条路，我需要更多的时间来学习和思考。

后来我从事了NGO行业，一方面固然是因为我一直以来喜欢NGO工作，但另外有一个很少人知道的原因是，那个NGO最早的团队，都是货真价实的顶尖富人，有些甚至是在福布斯排行榜上能找到的人物。我的逻辑很简单，与富人在一起，学习富人的思维，走上富人的道路。

第二个变化是感情：因为学习投资的原因，经常去一个交流港股的BBS，有一次讨论到某上市公司，而我之前正好做过这家公司增资扩股的咨询。于是就这个行业写了一篇很详尽的文章，因为这篇文章，认识了不少投资大牛，其中也包括后来成为我先生的暖手同学。彼时他还在英国，与我有6个小时的时差，刚开始的时候，我们很严肃地讨论各种上市公司的商业模式、财务数据。熟悉了之后就开始各种闲聊，然后——嗯，后来就是把他从英国忽悠回中国，结婚生子，幸福生活。呃，我能表示一下那个论坛男女比例悬殊，是大龄女青年很好的约会场所吗？

第三个变化是事业：与暖手同学结婚后，我们家庭的投资收入逐渐增长，并渐渐超过了工资收入。但让我们比较郁闷的是，似乎周围完全没有可以交流的人群，毕竟一个人的精力有限，不可能去深入分析所有的行业和公司。因此，我们想到在业余时间建一个BBS，初衷很美好，假如每个人能够深入分析一个行业，大家能够分享自己的分析成果，那么，大家就可以分享更多的投资机会。后来，随着BBS的建立，我们又想，如果能够教育更多的人，以轻松简单的方式学会正确去分析上市公司，而不是迷信什么小道消息，那么，也许会对这个社会有一点点贡献。于是，就有了我们共同的事业结晶——长投网。

现在，长投网已经有5万多名付费用户了。这些人里面，大部分是完全的零基础，大家从无到有开始了解金钱的秘密，学习投资的技能。这些人当中，有不少人完成了人生的变化，更多的人，有了金钱，以及金钱之外的许多收获。

我的第一本书《30岁前的每一天》出版之后，曾经受邀去各地演讲，每次讲到金钱的时候，我都感慨中国的教育体制对财商普及的匮乏。从小到大父母要求我们的都是“两耳不闻窗外事，一心只读圣贤书”，可是读书优秀是为了什么，其实我们一直都很迷茫。

可是股神巴菲特第一次买股票的时候只有11岁，甚至当他只有6岁的时候，他就开始贩卖可乐赚钱，复利的巨大魔力是跟时间成正比的。当我回头来看，除了感慨父母和学校从小都不告诉我金钱的重要性之外，更多的感慨是，我应该开始得更早，再早一些啊。

金钱带给我的财富，不是指那些看得见的更大的房子、更好的车子和更贵的包包，而是金钱带给我的自由感。当我因为学习投资认识了我人生的伴侣，当我因为从事投资结识了更多志同道合的朋友，当我因为做长投网而让更多人发生了改变，当我随时可以跟不喜欢的事说“NO”的时候，我知道，金钱给我带来的，是远比金钱宝贵得多的财富。

目录 CONTENTS

目录 CONTENTS

“谁说咸鱼没有梦想”

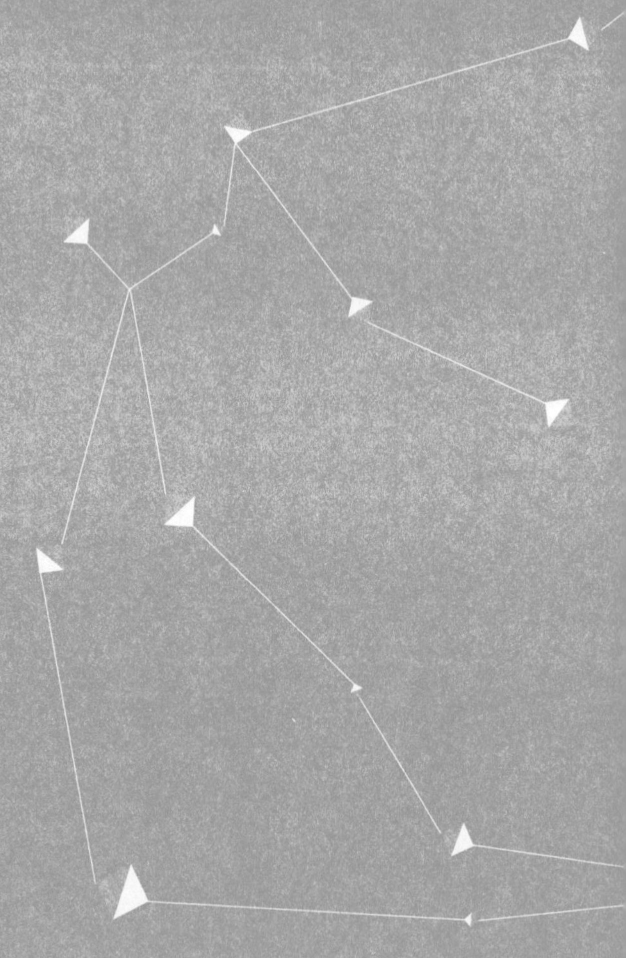

CHAPTER 1

工作外的 8 小时，给自己的人生创造更多选项

投资的目的是赚钱，
但赚钱不是重点，
赚到了钱，
我要改变世界！

只有金融行业的人才能学好投资?

对于投资，大多数人都畏之如虎，认为这个玩意儿神秘又高深。倘若你在聚会的时候偶尔遇见一个私募基金经理，简直可以看到他背后散发着光环，他随便说的一句话，你都会再三回味。

所以身边有不少人跟我说，我是不可能学会投资这件事的，这个玩意儿太复杂了；或者说，我高考数学才考了90分；或者说，我是学英国文学的，跟投资金融这件事简直相距十万八千里。还有最常见到的就是，人家在银行和券商工作的，投资都屡屡失败，我怎么可能学得会呢？！

说这些话的人，除了对自己根本没有信心，不愿改变舒适现状之外，估计在现实生活中也被人狠狠打击过。尤其是那些有过亏损记录的人，往往会出于各种各样的目的告诉你，像你这样零基础的小白是不可能学好的。这些人往往还是有金融专业背景，或者是在金融机构工作的。这些人的心态其实也很容易理解，如果像你这样零基础、非专业背景的小白都能学好投资，他们这样有专业背景的业内人士反而持续亏损，那岂不是太丢脸了？

只有有金融背景的人才能学好投资吗？

首先，让我们来看看所谓金融行业的业内人士包括哪些。金融行业普遍包括各大银行、证券公司、保险公司，以及一些新兴的类金融行业，例如支付宝，或者小额信贷公司这类。但是，这类公司大部分都是员工人数非常多的庞大机构，这就意味着，在这类公司工作的人，很多从事的都是非核心业务。例如，我有一个朋友，就是在四大银行里做人事经理的，他也在银行工作十几年了，可是他的专业是人力资源，从事的也只是员工绩效考核等工作。银行的人事部门、保险公司的客户经理、证券公司的前台接待，这些其实都算是金融行业的从业人员，但是他们又具备多少投资知识呢。他们或许能获取一些信息，但这些信息也大多是零散的、没有逻辑性的、无法真正帮助投资者盈利的八卦消息。

其次，学会投资并不是一个二元命题，即不是说要么我就学不会，要么我就完全学会。学习投资是一个循序渐进的过程，举例来说，如果投资能力是0～100间的某一个数值。那么100分就是投资无往而不胜，估计世界上也不存在这样的人。即便是巴菲特，可能也只有95分，而塞斯·卡拉曼可能就是90分。一个零基础小白是0分，但是只要投入一点时间和精力，可能就能达到20分或者30分。

有人说，30分可不够，远远还没到及格分呢。其实在某些时候，30分已经够了。因为你能否在投资上获利，并不取决于你是不是有60分或者70分，而是取决于你投资的某个特定市场的投资技能的平均值。你只要比这个市场上的大多数人的分数高一点，就能保证你赚钱了。

举例来说，如果你投资黄金，你不需要跟专业做黄金私募的基金经理比赛，你很可能就是在跟那些疯狂的大妈在竞争。那些大妈们的技能分可能是0分，她们轻信周围人的话，在市场疯狂的时候买进，在低迷的时候又不断割肉，你只需要稍微懂得一点知识，你的技能达到20分或30分，就足以打败她们，赚到钱了。

中国股市的平均技能也很低。很多人觉得自己进入市场是跟所谓的庄家和专业人士做斗争，其实根本不是。你只是在跟大多数轻易相信广播、电视台消息的傻瓜们在竞争，只要你的技能高过大部分人的平均数，你就能从投资上赚到钱。

另外，也不用太过害怕所谓的专业人士，且不论专业人士到底有多专业，一个基金经理，即便具有很高的投资技能，比如说60分，他也要面临很多的制约因素。例如，他无法进行长期投资，因为他必须要每周，甚至每天向上级汇报他所管理的基金的盈利状况，每隔一段时间向客户汇报基金的盈利状况。这种现实的压力，促使他们必须追求短期的盈利。相反，作为个人投资者就具备很多基金经理不具备的优势。

最后，退一万步讲，如果你不学习投资，那投资技能将永远是0。如果你花时间与精力学习投资，至少有可能不是0。也就是说，如果你不努力，就永远只是最糟的情况。因此，不要寻找借口，不要害怕所谓的专业人士，不论你是普通青年，还是文艺青年，或者"2B青年"，认真学习一点靠谱的投资知识才是正经事儿。

穷人和富人最大的差别

现任美国总统曾经定义过“美国富人”的标准，即家庭可投资资产达100万美金。于是有人问，在中国呢？什么是富人？是不是有100万美金，或者说有1000万人民币就能算富人了？

恕我直言，能问出这个问题的人，一定是穷人。

各位读者先不用急着反驳，先请思考一个问题：“你知道穷人和富人最大的差别是什么？”

假设我现在给你1000万现金，那你算不算有钱人呢？大多数人肯定会回答说，当然算啦。

那么，如果一周之后这1000万又不翼而飞了，你还算富人吗？

所以，富人应该有一个隐含的条件，即“持续有钱的人”，仅仅是一天有钱，一个月有钱，哪怕是三年五年有钱，都不能算是完全意义上的富人。

举例来说，2005年，有一个英国的女子，名叫温迪·格雷厄姆，她买彩票中了100万英镑巨奖，2005年的100万英镑比1000万人民币还多呢。中奖后，温迪几乎每天过着醉生梦死、花天酒地的日子。她买来最昂贵的香槟酒享受，并且开始到各大娱乐场赌博，常常一掷千金。然而，幸运之神从此再也没有眷顾过她。她输得越多，就越想翻本，结果几十万英镑都被她赔在了赌桌上。她只用了一年时间就彻底花光这笔“飞来横财”，沦为了一个穷光蛋，要靠英国政府的社会福利金补助才能勉强度日。

温迪拿到过1000万，但是只有1年的时间，也就是说，她就是个典型的短暂有钱的人。你想想看，温迪之前是有正常工作和生活的人，但是经历过奢侈的生活之后，她再也没有勇气找以前从事过的工作，所以她的后半生只能在回忆中度过。她在中奖1年后的生活，还不如她中奖之前呢，你希望变成这样的有钱人吗?

英国做过统计，70%中500万英镑，也就是5000万人民币彩票的人，中彩票5年后的生活，不如中彩票前的生活。

温迪的做法，就是典型的穷人思维，有了1000万之后，就开始消费，不断地把钱花出去，当然，她花得也实在快了一点，1年多就花完了1000万。但无论如何，没有持续稳定的入账，手上的钱总是会越来越少的。

再来回答本文开头的那个问题，怎样才算富人呢？对这个问题，穷人会认为有1000万资产就算是有钱人了。但是富人通常会看现金流，也就是说，“持续地有钱”才是真正的富人所关注的问题。富人关注的是每天每月每年都要有进账，要保持不断的现金流入，否则，金山银山也会吃空的。

就算你不像温迪那样奢侈豪华，但总也要有不小的家庭正常消费，再加上通货膨胀也会不断消减你的资产，几年或者十几年之后，你仍然要面临重回贫穷的境地。

所以说，穷人跟富人最大的差别是思维方式。具有穷人思维，就会看重资产，总想着“我现在有多少钱”；而具有富人思维，则会看重现金流，想着“随着现金流不断增加，我未来会有多少钱”。

如果你每个月，或者每年都有稳定的现金流入，且这笔现金流入高于你的消费，那么无论你现在资产多少，你成为富人就只是时间问题。

同样地，如果你每个月的现金流入低于你的消费水平，那么就算你现在有一大笔资产，成为穷人也指日可待。

这个逻辑很容易延伸到投资领域，例如股票投资，很多人都抱有“赚一把就跑”的心理。经常听到有人以无比懊悔的口气说，那几年大牛市，没有多拿点钱投进去，赚个百分之一百，或者百分之二百，然后赶快撤出来，从此金盆洗手。

且不说当年牛市是否有人能预测到，也且不论这些聪明人是否能成功逃顶，就算当年投入100万，赚到了300万，然后呢？这些钱也只是资产而已，那次赚钱也只是侥幸而已。当年赚到了300万的人，肯定不会把钱埋在土里，也不会满足于银行利息，非常有可能投入所谓的理财产品、信托产品。由于当年赚钱是侥幸，他们本身不具备真正的投资能力，而人的运气又不会永远那么好，那么这些人被骗、亏损也就在所难免。

还有一种人则是买车或者换大房子，结局也是一样，没有稳定的正向现金流，资产不断缩水，最后还是会慢慢地回到最初的状态。

穷人和富人最大的差别就是：思维方式。不要做一时的富人、长久的穷人，而要关注自己的投资能力和正向现金流，做持续的富人。

布拉德·皮特教你数字化思维

帅哥做教练总是会有特别的吸引力。就像我现在每周上的搏击课，教练就是一个身材棒棒的单身帅哥。且不说他教学水平如何，只要想着一位练过跆拳道、“一刀流”，还拥有Krav mage[①]教练证书（嘿，我故意用个英文名，这样就会显得格外高大上）的帅哥每周会定期出现在我面前，心情就会格外喜悦。

可惜，这课程是暖手跟我一起学的，此处补充背景知识，暖手同学是我的老公，出门花钱埋单的时候当然很需要他，但面对帅哥的时候就——$%＃@%$%!

①以色列发展创立的一种特种军用格斗技术。

所以，当我说出数字化思维这么艰深的名词来时，我也不得不祭出帅哥的大旗，有布拉德·皮特在台上讲课，台下的同学大约也会更聚精会神一点哦。

布帅此次担任的是职业棒球大联盟之一的奥克兰运动家的经理人（对了，识货的读者知道我用的是《点球成金》的影片做例子，还有同名的书）。

先来看看布帅所占据的“有利”位置——哦，看见“有利”两个字打引号了吧？！

1.1亿美金对决3900万美金，接近3倍的比例（这是电影中的例子，在书中，这个比例接近6：1）。怎么说呢，打个不恰当的比方，相当于在街角打群架的时候，人家3个人打你1个人吧。相当于NBA赛场上，你上场5个人，人家上场15个人吧，水平还都跟你相当。你打吧，还必须得打赢。现在知道布帅的作用了吧？！没错，他只用了强队三分之一的预算，就创造了职业棒球大联盟的历史最高纪录——20连胜！当影片放到20连胜的时候，跟看所有的励志片一样，我激动得泪花泛滥。

但是，这不是一部普通的体育励志片，它不是靠先是吊儿郎当，后又奋发图强的队员，或者魔鬼般的铁血教练来创造奇迹的。它靠的仅仅是在片中并不帅的球队经理人布帅和一个刚从大学经济系毕业的死胖子，依靠对球场各类数据的精准分析，挖掘出来一大堆被传统模式所嫌弃的低估球员，从而创造出了奇迹。正如书中所说的，如果这是在别的行业，奥克兰运动家队早就可以买下其他多支球队，建立自己的商业帝国了！

嗯，这个倒可以举一个现实中的例子，英超阿森纳队的温格，人称教授的他，除了带队还有一项特长，就是在市场上找到白菜价的球员自己培养，然后溢价卖出。如果把管理球队看成一项投资的话，那么，温格就是一个业绩极其出色的职业投资人。例如英超史上最年轻的队长法布雷加斯，2003年被温格从巴塞罗那挖过来的时候，转会费才70万欧元。而2011年他又回到巴塞罗那的时候，身价已经超过4000万欧元（实际身价超过5000万欧元）。8年涨了70倍还要多，这样的投资业绩，任何基金经理都会叹服的。

回头再来看棒球这件事，在布帅和胖子引入数据分析之前，球探们是这样寻找球员的。

没错，球探们的筛选条件就是这么耸人听闻，除了屁股上有毛，还有“像某著名球星的”“下巴长得好看的”“挥棒姿势优美的”和“击球的声音很好听”，哦，除了这些，如果你女朋友很丑，那你可能会落选。What？没错，如果你女朋友很丑，那证明你没有自信，所以你肯定打不好球。听上去是不是很有道理啊？

看到这里，你是不是对棒球界曾经的愚蠢表示叹服啊？你是不是觉得这种事纯属是拍电影需要而杜撰出来的，那请你听听以下的言论：

这只股票代码里有两个“8”，买了肯定就能发发发。

这只基金跟我的名字一样，这么巧合肯定就是上天告诉我，买了一定会赚钱的。

Tom跟我说最近要投资黄金，他泡妞儿很有办法，证明他很有头脑，跟着他说的买肯定没错。

哦，我还想起一个真实的例子。长投网刚开张的时候，曾经有个人提出让“小熊”改名，他的理由是，“小熊”让人联想到“熊市”，实在太不吉利了。在此，我真诚地祝福这位朋友，能在人生道路上遇见一个网名叫作“大牛”的人，从此踏上他的投资成功之路！

那么，让我们来看看布帅和胖子引入数据分析之后，他们是怎么寻找被低估的球员的。

别怕，这张图我也看不懂，棒球我也不懂，但这不妨碍我理解布帅的意图。

举例来说，棒球中最重要的一个数据是上垒率，上垒率=（安打+四坏保送+触身球）/（打数+四坏保送+触身球+高飞牺牲打）。你不需要懂这些名词（我也不懂），但从这个公式中你可以看到，上垒率取决于分子和分母，分子上的数值越大越好，分母上的数值越小越好，但分子和分母的绝对值都没有意义，有意义的是这个比率。

我们用公式来说，假设上垒率=A/B。球员大牛的数值A举世无双，是所有球员中最高的，那么他就一定是最有价值的球员吗？他就一定比另一位球员小熊的上垒率高吗？答案是否定的。因为球员大牛的B值有可能也很高，所以他的上垒率就低了。

年度	职棒年度	球员姓名	所属球队	打数	安打	四死球	牺牲飞球	上垒率
2006年	17	张泰山	兴农牛	373	130	55	4	0.428
2007年	18	陈金峰	La New熊	301	115	66	2	0.491

中华职棒历年最高上垒率

上图是从维基百科查到的台湾中华职棒的数据，从中可以看出，2007年最高上垒率的陈金峰，安打数（越高越好）不如张泰山，但最后的综合数据却比张泰山还高。

因此，如果这两个顶尖球员都是候选对象，无论张泰山看起来有多帅，击球声音有多好听，以及他女朋友有多漂亮，你都应该坚定不移地根据上垒率的数据来选择陈金锋！

这就是布帅教的本课内容，用数字来评估一个球员的价值，而不是只看“他屁股上是否有毛”。相应地，在投资领域，说得再天花乱坠都不管用，关键还是数字告诉你的真相，例如历史收益率如何，在相同产品中的排名如何，等等。

对布帅的故事有兴趣的朋友，大可以借着学投资的名义，看一下这部曾经荣获奥斯卡和金球奖的最佳影片提名的电影《点球成金》，当然，更推荐其同名的原著，因为原著里面的案例更加详细。这本书的作者迈克尔·刘易斯，鼎鼎有名，他的成名作，即《说谎者的扑克牌》也是神书。看完这些书和电影，你会发现，原来学习投资并不是那么枯燥乏味，数字化思维可以运用在生活中的各个方面。

其实不仅仅在投资领域、棒球领域，数字化思维在很多领域都被广泛地运用着。爱看NBA的读者应该会很熟悉助攻、篮板、盖帽，以及投篮命中率这些数据。实际上，被教练综合评估的数据还有很多，例如“球员每分钟效率”“球员使用率”等。通过这些数据，教练和管理团队能够用数字化的思维来公平地评估每一位球员的真正贡献。暖手同学跟我说了一个例子，当年姚明打NBA，很多人说他场上的得分并不高。但是，有一个统计数值，叫作“姚明不上场的得分率”，这个数值很低，即证明了姚明在场上可以帮助队友得分。看，数字多么重要。你明白姚明同学为啥挣那么多钱了吧？！

最后再请布帅励个志吧。这部电影虽然叫作《Money Ball》，但主角布帅觉得一切与Money无关。他说："我曾经为了钱做过一次人生的重大决定，我再也不会这么做。"所以，他拒绝了波士顿红袜队的巨额工作邀约，他的目标不是赢球，不是冠军戒指和庆祝的香槟，他的目标是"改变棒球的规则，改变世界"！

对，这就是我信奉的原则，投资的目的是要赚钱，但赚钱不是重点，赚到了钱，我要改变世界！

生活中的数字化思维

电影《点球成金》的故事，是一个典型的靠数字化思维胜利的故事，但有些人会觉得这些离自己有些遥远，那么，我们就来谈谈生活中的数字化思维。

我们来举个“栗子”，说说让全世界女性都疯狂的减肥问题。其实减肥也需要有数字化思维。

比如，我太胖了，我打算减肥。呃，怎么把这种秘密说出来了啊。我改一下假设啊。假设你太胖了，你打算减肥。你当然可以搜集各种小道秘籍，各种减肥食谱减肥秘方，3日断食、7日苹果餐、10日减肥汤什么的。

但是，实际上减肥就是一个数字活儿。你每天消耗的卡路里大于你摄入的卡路里，你就肯定会瘦下来。想要瘦10斤？没问题，把10斤肥肉换算成卡路里数值，然后除以你的减肥天数，就得到了你每天必须要消耗的卡路里数值。简单吧？容易吧？

大家经常用的记录卡路里的APP，例如“乐动力”，就是帮助你记录行走的步数，再换算成消耗的卡路里数的。而像“薄荷”这类，就是帮助你记录摄取食物的卡路里数的。只要摄入的卡路里数小于你日常消耗的卡路里数，Bingo，减肥成功就指日可待！

数字化思维有什么好处呢？

首先，它可以量化。离目标差多少很容易知道。还拿减肥做例子，比如说，你每天需要多消耗300大卡才能在这个月瘦上5斤。那么，如果你只消耗了200大卡，你就会很清楚地知道离目标还有100大卡，需要继续努力。如果你今天很卖力地跑了5公里，消耗了400大卡，那么，你就知道今天已经超过目标，明天可以缓一口气了。

其次，是可以进行比较。

这个也很容易理解，因为数字是有大小的，而语言描述则很难分出大小来。我说我今天减肥很努力，你说你减肥很很努力！我说我今天看书看得很辛苦，你说你看书看得很很辛苦。呵，难道就因为你比我多用一个很字，就算你厉害了吗？这太让人不服气了呀！

但是，如果我说我今天看书看得很辛苦，看了100页。而你说，那算什么呀，同一本教材，我看了120页。那没话说，因为数字摆在这里，效果暂且不论，就凭着120比100多20，我承认你确实看书看得比我多一点儿。

这就是我们所说的数字化思维，在投资当中，数字化思维是个非常重要的概念。它可以帮助你衡量一个投资对象是不是值得投资。

以上说的是女性减肥的例子。当然，对于投资的学习而言，数字化就更是很重要的考虑角度了。

我们来举一个实际的例子。这个例子来自豆瓣上一个朋友提的问题，时间很早，是 2012 年的时候，因此，所有的数据都是当时的数据。

问题：最近，朋友介绍了一款保险产品，用于养老。我觉得还可以，但是我想请水湄姐帮我看下，大致内容如下：本人30岁，现在起每年在保险公司存2万元，存20年，共存40万。

可以获得以下利益：

31～60岁，每年至少领2000元，领满30年。

60岁时，一次性返还本金。

60岁后，每年领2万元+年度分红，最长领至100岁，中途身故发放身故金。

如领满100岁，一共可以从专属的养老金账户中累计领出126万

元！（分红是按年收益率6%计算的）

而且国庆期间购买本款保险产品，还送一台32英寸东芝液晶电视。

大家是怎么准备养老的？参谋一下！

水湄物语的回答：

其实我觉得理财首先要有一个数学概念，所谓合算不合算一算即知。

我帮楼上用Excel做了个简单的表格算了一下。

有两个数据是查的。

1.2010年银行5年期定期储蓄的年利率是3.06%。（楼主是20年期的储蓄，中途无法取出，原则上利率应该比这个高很多。当然，我假设保险公司都是笨蛋，他们拿了楼主的钱只会存银行。）

2.中国男性的平均寿命是71岁，如果楼主是女性，则是74岁。我按74岁来算。至于100岁，恭喜楼主，你已经超越了保险公司的平衡点，即很多死在74岁前的人把钱分了一部分给你。总之，还是让我们以74岁为依据吧。

每年的投入是1.8万元（嘿，楼主，你不会没听说过羊毛出在羊身上吧，你所说的每年分红2000元，实际上就是你的钱呀。要不你每年给我2万，我每年给你2000，你说好不？）

30～50岁每年投入1.8万元，50～59岁零投入，60岁收入40万元（数值上即-40万），61～74岁每年收入2万（我不清楚这个分红的基数是什么，所以就用2.1万核算，数值上即-2.1万）。

这样，稍具office技巧的人很容易在Excel表里列出公式来。

结果是：

您老人家60岁这年，保险公司存在银行里的钱，根据复利[②]来算，实际已达到78万元，还给你40万元后，还剩38万元，之后每年付给你2.1万元，剩下的部分仍然放银行吃利息，到您老人家74岁那年，保险公司还赚了23万元。

假设保险公司略微具备一点投资知识，年收益率达到6%，我们来看下最新数据：

您老人家60岁这年，保险公司存在银行里的钱，根据复利来算，实际已达到132万元，还给你40万元后，还剩92万元，之后每年付给你2.1万元，剩下的部分仍然放银行吃利息，到您老人家74岁那年，保险

②复利是指在每经过一个计息期后，都要将所生利息加入本金，以计算下期的利息。这样，在每一个计息期，上一个计息期的利息都将成为生息的本金，即以利生利，也就是俗称的“利滚利”。

公司还赚了161万元。

那我们能不能假设楼主您略具备一些投资知识，年收益率达到10%呢（从指数基金30年波动来看，不算非常难，当然，您得注意当中不要随便拿钱出来花，因为这是您的养老钱）？

60岁那年，您账户里的钱已经达到了327万元，到您74岁那年，您账户里的钱已经达到了1243万元。而100岁，哈，让我算下，亲爱的，你的账户里有14817.66万元，嗯，大约是1.5亿。那时候，您还在乎保险公司给您的126万元吗？

文章写到这里，我的本意大家应该很清楚了。数字化思维有多么重要，一款产品经过这么一计算，合算不合算一目了然。

从一个初级投资者的眼光看来，买一款产品，需要梳理的信息太多了，例如上述这个例子的产品，我们姑且叫它“龙年福禄寿大吉大利险”（或者龙年福禄寿大吉大利基金，或者龙年福禄寿大吉大利理财产品），条件跟上述说的一样。一个初级投资者的脑子里会浮现什么样的判断依据呢？

1.哇塞，这个名字太吉利了，龙年就应该买龙年专用产品啊，太有彩头了。（对不起，你还是直接买龙年彩票比较吉利吧？）

2.哇塞，还送32英寸液晶电视啊，保险公司的人说，就春节期间送，不买就没了。（我说，你一年2万，别说液晶电视了，就是液晶屋顶也够钱买了！）

3.哇塞，银行的人说，该产品一发行，3天已经销售1.2个亿了，我要赶快抢，再不抢就买不到了。（购物频道还有八心八箭完美丘比特钻石呢，最后20分钟抢购，麻烦你去抢那个好吗？）

4.哇塞，隔壁老王前年就买了，同事Susan也买了，这么多人买，证明这个东西是真好啊。（Susan前不久还被男朋友甩了呢，老王还跌断腿了呢，怎么没看你学？）

5.哇塞，60岁就可以一次性还本，以后每个月每年2万呢，真合算！（这算是做过计算的人了，不过没有仔细算，不懂得复利，是想当然的算法。）

我可以举的例子还有很多很多，总之，在一个初级投资者的心里，有太多太多的条件可以作为选择的理由，每一个还都很有道理。

其实，对于投资项目而言，要评估的往往很简单，包括风险、投资回报率。风险需要一定的定性分析（例如这家保险公司30年后会不会倒闭），但投资回报率，基本就是数字可以算清楚的了。而上面列举的种种理由，请看看我括号里面的回复，仔细想想就知道很多都是站不住脚的。

虽然资深的投资者可能会陷入另外一个误区，例如，用超级复杂的数学模型来计算。但是对于初级投资者来说，投资中的数字化思维（量化思维），其重要性是如何强调也不过分的。几乎任何的投资产品，都可以通过简单的计算来解决“合算不合算”的疑问。（当然，如何判断哪些条件具有迷惑性，那是另外一种功夫。）

从女性减肥到真正的投资对象，其实，生活中处处需要数字化的思维，下次再遇到让你困惑的问题或不明白的投资对象，不妨把数字列出来算一算，有时候，简单的加减乘除就能帮你走出很多思维的误区。

5 岁就应该学会的投资道理

有很多人觉得投资理财很难，要看各种数字和图表。其实，富人跟穷人最大的不同就是思维方式的不同，记得有一本书叫作《幼儿园教会我的人生道理》，讲的就是人生中很多重要的准则，其实幼儿园都教过。在水湄看来，投资理财的道理亦然。想象一位5岁的孩子，他在日常生活中就能学到很多有趣的投资思维方法。

我们还是从未来5岁的嘟嘟同学说起吧。

话说那天嘟嘟和小朋友们一起出去郊游，老师们拿出一筐苹果招呼大家来吃。嘟嘟心想，我一定要挑个最大的，他虽然只有5岁，不过通过拿着标尺量直径，用天平称分量，甚至用阿基米德浴缸法来算体积，在1小时零7分23秒后，终于挑出了一筐苹果中最大的那一个，心满意足地吃到了嘴里。

可是，他转眼一瞧，阿布同学已经吃完了两个苹果。

花了很长时间，用了许多工具精心挑选的一个大苹果，心里觉得肯定占到了便宜，可是人家阿布同学迅速用两个苹果的业绩干掉了嘟嘟同学。从此，嘟嘟同学学会了一个道理。

5岁的嘟嘟应该学会的投资道理之一：永远要知道什么才是最重要的事。

对于吃苹果这件事来说，与其花好多时间去挑一个最大的苹果，还不如去找两个苹果，然后直接吃下肚子。

以下是年满20岁的嘟嘟同学之一：

问："请水湄说说如何用互联网思维在打车软件里省钱什么的。"

我相信通过各种方法比较，是能揭示出打车软件哪种更省钱这个秘密的。但我相信，每次省下的钱不会超过5元10元，每个月也就是一二百元的事儿。但问题的关键是，这值得吗？也许少买一件衣服，手机多用半年就能省下了。也许把这些时间用在工作上，就能赚到了。

省钱的关键，不在于省钱的技巧本身，而在于你要明白哪里才是省钱的关键。有时候省一次，比你省个十次八次的还要合算。

关于这一点，我娘亲从前一直教育我。我刚工作的时候收入不高，自己还存一些，余下的钱所剩不多。但女生都喜欢买衣服什么的，就挑便宜的买。我娘就一直教育我说，衣服宁愿买贵一点的，料子上佳款式经典，可以穿很多次。不要买便宜的衣服，穿个几次就扔了，反而不划算。随着年龄的增长，我慢慢明白了，娘亲的话太有道理了。七八年前买的一件羊绒大衣，价格三四千元，到现在还经常穿。而三四百元买的化纤质地的大衣，冬天里穿，一摸金属的车把手，就被电得原地乱跳，不知道的还以为我被打劫了，劫匪还不拿刀，光挠痒痒。因此，穿一两次就扔在角落里积灰去了。

在这个例子中，买贵的衣服，反而是省钱；买便宜的衣服，反而是在浪费钱。

以下是年满20岁的嘟嘟同学之二：

问："余额宝、佣金宝和理财通有什么区别？"

好吧，水湄同学为了回答此问题居然以身试法，哦，不对，是以身试"宝"。在支付宝的余额宝和微信端的理财通内各存了10万元，希望可以通过实际数据来回答这个问题。时间"当当当当"过去了

10天（10天之后，你懂的，谁让淘宝购物可以用余额宝支付呢），没错，果然是理财通收益高一些。不过这两家的差额也就刚刚1元多一点点，准确的数字是1.86元。话说我那天打扫房间，还在床底下找出3个一元的硬币呢。换成奶粉钱，还不够我家胖子塞牙缝的呢。就算你有100万的资金，1年的差别也就是700元不到。也许你会说，700元也是钱吧？700元肯定也是钱。不过如果你有100万的资金，在年底的时候，只需留出几天做国债逆回购，收益就已经超过这个数了。如果你运气好一点，在年初打中个新股，收益就几倍于这个数了。

明白了吧？你在挑选最大的苹果的时候，人家阿布同学早就啃完两个大苹果了。

永远要知道什么才是最重要的事，然后在那个上面花最多的时间，投资是这样，生活其实也是这样的。

在吃苹果上没有占到便宜的嘟嘟很恼火，转头就去玩乐高玩具了。

嘟嘟搭了一个变形金刚，正得意之际，没想到扭头看到了阿布同学的变形金刚，也是乐高搭的。可是，人家的变形金刚会走路，原来是可编程的机器人。这时候被称为幼儿园消息天王的肥肉肉同学跟嘟嘟说："你去抢吧，他肯定不敢告诉老师的。上次我抢了他的小汽车，他也没敢告诉老师。"

于是嘟嘟同学一把把阿布同学的变形金刚抢了过去。阿布同学大哭，正好老师路过，问他怎么回事。阿布鼓起勇气，把事情的原委一五一十告诉了老师。结果不但抢来的玩具还回去了，嘟嘟还被老师教育了，被小伙伴鄙视了，回家还挨了一顿板子。

5岁的嘟嘟应该学会的投资道理之二：不要随便相信听来的消息，要有自己独立的判断。

以下是年满20岁的嘟嘟同学：

"听网上某个股神说（你确定不是长大了的肥肉肉同学吗？），××要大涨，我这次买了一定会赚钱的！"

"听说比特币能赚大钱，听说去年都涨了300倍了，我也要去挖币。"

"听说网贷很流行，要不我也去试试。"

然后呢？——好像就没有然后了。

姑且撇开投机还是投资之争，我们假设这些机会是有人可以赚到钱的，但那个人会是你吗？会是只听信各种消息，不肯花一点时间收集资料、认真学习、独立思考的你吗？听来的那些消息会靠谱吗？

反正嘟嘟同学再也不肯相信肥肉肉同学和其他任何幼儿园消息天王的消息了，他学会了依靠自己思考。当他去做一件事的时候，他会首先想想有没有挨板子的危险。如果经过思考确定没有风险，而且还能获得收益，他就可以去做；反之，就绝对不会去做。

投资中最重要的事

很多人觉得投资讲的就是金钱，这话当然没有错。大部分人学投资的目的就是想变得更有钱，从而改善自己的生活品质，去做自己想做的事情。但是如果让我说的话，恐怕投资是一种思维方式。投资教会我的思维方式有很多。如果论其中最为重要的，我觉得应该是以下三点。

一、数字化的思维

数字化的思维方式我在前文里写过不少次，例如人们常说的10000小时成就天才这件事，也是一个典型的数字化思维。要在一个领域里做出一点成就，就需要投入大量的时间，具体是多少，肯定每个人都不一样。但是如果投入足够多的时间，例如10000个小时，那么就一定能做出一点成绩来。

有了数字化的思维方式，生活中很多模糊的地方就能变成确定性的答案，这不仅在投资当中，在生活的各个方面，都是非常重要的。假设你的职业是销售，上司问你这个月的业绩如何，你可以说，“还不错吧，比上个月好一些。我觉得老板你可以给我加薪水了”，听完这句话老板会不会给你一巴掌我不知道，但是你想涨薪水肯定没什么希望。

或者你也可以说“我本月业绩比上月增长40%，比去年同期增长30%，我本月的销售成绩是100万，而公司所有销售员的平均成绩是60万。根据我的成绩，我觉得老板你可以考虑给我增加20%的薪水，因为就算给我增加这些薪水，我仍然要比那些平均业绩60万的销售员给你带来更多的利润。”如果你是用数字去表明这个问题的，我相信涨薪水的美好愿望离实现就不远了。

二、独立思考的精神

很多人在刚学习投资的时候，都非常期望看到一些投资技巧性的东西。什么叫技巧性的东西呢？就是说，当天我在文章里提到××可转债，你立即去买了，然后第二天大涨40%，你赚得盆满钵满，这就是投资技巧性的东西。

无论在哪个领域，懒惰的人总是占大多数。这种懒惰不仅仅是身体上的，更是头脑上的。有时候甚至觉得，这个世界就是头脑勤劳的人来统治头脑懒惰的人的。人们不想洗衣服，这是身体上的懒惰，于是头脑勤劳的人就发明了洗衣机。身体懒惰不想洗衣服，而且头脑也懒惰、没法发明洗衣机的人，就只能把钱拿出去向头脑勤劳的人买洗衣机。

在投资领域，这种头脑上的懒惰大行其道。很多人最喜欢的方式，就是“你就告诉我哪个会涨嘛，我跟着买不就行了吗？”这让我想起之前小熊（即暖手同学）跟我说的一个真实故事。他看上一个转债的机会，于是在长投学堂的高级Q群里分享这个投资对象的分析逻辑。然后过了半年之后，突然有人跟他说：“老师你以前说的那个机会我亏死了，但我也不敢跟你说啊。”小熊很奇怪，说：“那个投资对象我明明是赚的，为什么你亏了呢？”那个人支支吾吾了半天，说：“因为我没有自己考虑过，当时就买了，然后1个月后下跌了30%我就卖掉了。”

投资并不是一件100%确定性的事，没有任何一个大师会做100%正确的预测。小熊的精神偶像除了巴菲特还有塞斯·卡拉曼，但是小熊曾经在塞斯·卡拉曼抛售惠普的时候，坚定地持有，此举为他赢得了很高的收益。他的原话是：“当时我反复考虑过，觉得我自己的逻辑是正确的，而塞斯·卡拉曼可能是因为有更好的标的，或者其他原因才抛售的。”撇开赚钱亏钱这件事不说，忠于自己的思考，敢于同自己的精神偶像做出不同的选择，本身就是独立思考最好的表现。

三、金钱，是工具而不是目的

很多人谈起投资，就想到金钱。没错，投资的最大目的就是让手中的金钱增值。可是，金钱增值本身并不是人生的目的，金钱增值只是一种手段，是一种让人生变得更为美好的工具。

上周在北京演讲的时候，我提到了一个叫作“金字塔底端的创新”（YES×BOP）的青年创业培养项目，大家可以在它的官网（http://yesbop.jachina.org/）看到它的资料。

这个项目的两个发起方，一个是全球最大的青少年财商教育NGO——JA，一个是我最崇敬的投资人之一——约翰·邓普顿爵士所创立的邓普顿基金。

我想讲的是什么？JA一直在做财商教育，它认为美国的教育体系里缺乏对金钱的必要教育（中国也一样），因此，它以财商教育为己任，在长达80多年的发展历史中，对将近1000万的学生进行了财商教育。

约翰·邓普顿爵士是一位职业投资人，一个彻头彻尾的价值投资者。除了投资业绩惊人，他还是年龄最大的著名投资者，他在90岁的时候，仍然亲自做投资决策。

我想，这才是我的梦想。金钱，它永远不会是终点，可是，有了金钱，确实能让世界变得更美好。

他们用投资改变了自己和生活（一）

先行者 1 号——by 熊猫小胖

投资——让我不再畏惧

因穷而恐惧

我——作为一个小穷鬼，平时只能买廉价的地摊货穿，工作几年还经常被客户当成刚刚毕业的学生。那气场简直弱爆了。

有一次，我和领导一起出差见她的意大利客户。坐在五星级宾馆的咖啡厅里，我拘谨地看着领导和客户的一举一动，他们点什么我就点什么，紧紧地盯着他们怎么做，才敢去动，生怕暴露出自己是土鳖。那天，我和领导并排坐在沙发上，阳光洒下来，那么温暖。我怯生生地坐着，拿着一本超市购买的活页笔记本、一支中性笔，记录着领导和客户的谈话，来掩饰着心中的不安。我的身旁，那只网购的 100 多块钱的，所谓 PU 也就是人造革的包，无精打采地立着；包的旁边，是领导那个从意大利带回来的“Prada”，小巧精致而不失商务气质；

“Prada”的旁边，是从容、优雅、精致的她和淡淡的“Chanel5”香味。

中午结束了商谈以后，领导邀请客户吃饭，客户因故婉拒。领导对我说：“××店，你吃过吗？上次我过来玩的时候吃了一下，挺不错的，我带你去吃吧。”打开菜单的那一刻，我既被精美的饮食所吸引，又不由得心算了一下价格——是出差补贴的8倍。当时我有一个抠门老板，出差伙食补助是25元/天，如果下班前回公司，则补助减半。我自己出差的时候，通常是去麦当劳吃个15块的套餐，再买个汉堡当晚餐，这样的话，就不会因为出差而自己贴进去太多钱。

那天领导承担了餐费，而不像抠门老板一样，大方地招呼我们吃啊点啊，再回去AA制算饭钱。

人穷气短，遇到这种场合难免自卑，总觉得自己好像是跟在天鹅后面的鸭子，是站在女王身后那惊恐不已的小侍女。想想自己也是工作多年的人了，简直是太Low了，每每想到此处，恨不得大哭一场。

穷是不可以的。工资这么低，保险也从来都是按最少的交的，这就意味着将来拿退休金的时候，还是最穷的，吃不饱穿不暖，就算想出去打工，谁会要一个老太太呢？这让人很焦虑啊。

穷则思变

提高收入，是我一直想做而且必须要做的事。我绝对不能容忍自己老了以后，还要拎个小破碗上街讨饭。

提高主动收入，首先要提升职业技能。学习的计划开始了很多次，但经常无疾而终。往往是因为烦躁而无法坚持静心学习。比如，逛超市为了省钱而没舍得买薯片，看了电视里那些老人，想到自己将来贫病交加的凄惨地步。同时，提升职业技能，并不能马上提高收入。作为一个外贸人，良好的口语不等于良好的业绩。这样导致动力也不是特别充足。

直到我看了一些文章，认识到复利的力量，一年20%的收益，N年以后，就是大款一枚了。但是谁能告诉我，怎样才能一年收益20%？

我的理财方式，就是每过几个月，就把省吃俭用结余下来的钱，存成定期，后来钱稍微多些，改为12存单法。一度，这些写着我名字的存单，给我带来了莫大的安全感和满足感。但是快速上涨的物价和超低的工资替代率，打碎了用年轻时节俭来补贴年老时花销的幻想。一年3%的利率，赶不上通货膨胀啊！

于是，我杀进风险项目，从炒纸黄金开始。记得买入的第一晚就浮亏了100多块钱，当时那个懊恼啊，一天工资还没有100块钱呢。我整整一夜梦到金价走势的K线上上下下，早上起来，那个累就别提了。打开电脑一看，哎，金价回升了！赶快卖掉，赚了10块，2碗拉面的钱。后来投资基金。在一波小行情过后，发现这基金涨不过大盘，却比大盘跌得狠得多。于是，亲自持币杀入股市。

熊路漫漫，某只周期类股最多的时候亏过70%。说好的年收益20%呢?这不是连保本都困难吗？唯一和以前不同的是，我不会因为浮亏100多块钱而睡不着了，也不会因为大盘暴跌好几个点而无心工作了。因为比这更刺激的事都经历过了。

收益，让我心态平和

2012年底的某天，那只周期类股票，还是那么半死不活，我在网上瞎溜达的时候，看到一篇文章写长投学堂，思路是教人分析股票而不是推荐股票，最重要的是，学费很便宜，还不到200元，这一点很吸引我。反正已经亏那么多，也不在乎多亏200元，我抱着试试看的心态，到网站一看，学费涨价了，已经260元了，不过我还是报了名，开始学习。

初级课很容易，进阶课主要是收集信息麻烦，不过越学越上瘾，很有成就感。同时，在群里也有一些志同道合的伙伴，大家会讨论自己的分析、心得和投资体系。

通过学习，加上多年经验，我开始感觉自己对投资有了信心。于是，下决心辞掉了抠门老板的鸡肋工作，换了新的环境。以前因为觉得工作多年，底薪不算很低，总怕换了环境收入更差。

在这一年，我开始有了收获。虽然底薪确实比以前低，但投资收益不但弥补了差额，还为我带来了额外的收入。

当有真金白银进账的时候，我发现自己没有那么焦虑了，也不会总是去想以后凄凄惨惨的人生了。

于是，我工作的时候更踏实，不再一天到晚地愁着没有业务怎么办，认真地做事就好了。然后，居然也能接到平生未遇的大单。底薪虽然不高，但是主动收入大幅提高啊！

搞业余爱好的时候，我也不会想着，现在学吉他，老了没钱可以去卖唱之类的。而纯粹是因为——我喜欢。

收入增加，我没事也会带爸妈出去吃个饭，给家里添置些家具电器什么的。作为父母，他们总想将自己的生活经验传授给我，只是他们没有意识到，几十年来中国正在经历着巨变，他们那个时代的经验大多已经过时，却总是唠叨个不停。而我也会因为与他们有不同意见而烦躁，甚至与他们争吵。现在对我来说，花点钱可以让爸妈享受科技的力量，减少无效的劳动，我很高兴。另一方面，我可以轻松买这些并非必需却可以有效提高生活质量的东西，也让爸妈清楚，我现在混得还可以，他们就没那么唠叨了。

君子安贫乐道。我只是个普通人，没有那样的大智慧。我只想生活得好一点，丰富一点，而这一切，都开始于投资真正带来收益的那一刻。

“谁说咸鱼没有梦想”

CHAPTER 2

陷阱从天而降的时候
总装得像个馅饼

独立的思考能力，
严密的逻辑判断，
详细的投资记录，
是一个成熟投资者必不可少的三样法宝。

从银行理财产品说投资风险

从前有座山，山上有座庙，庙里有个老和尚，老和尚对小和尚说："从前有座山，山上有座庙……"

喂喂喂，水湄你是来写文章的，还是来讲幼儿睡前故事的啊？

对不起啊，重新来。

从前有座山，山上有座庙，庙里有个老和尚，老和尚对小和尚说："庙里快要断粮了，其实在后山有个山洞，山洞里有一棵人参果树，500年一开花，500年一结果，你赶快去摘一个我们俩吃，吃完一辈子都不会饿了。"

于是小和尚弄了一个火把，钻进黑漆漆的山洞，终于摸索着找到了人参果树，哎呀不巧，500年没到，人参果树既没开花也没结果，不过小和尚摘了一些叶子，下山卖给了熊大官人，也换了好几担米吃。

喂喂喂，水湄你是来捣乱的吧，赶快写正文。

好吧，正文就是，小和尚弄了一个火把，钻进黑漆漆的山洞，终于摸索着找到了人参果树，他的脑袋里只想着人参果树，只想着填饱肚子，他的眼里只能看到人参果树。可是，那个山洞其实是一个旧军火库，里面藏着的，是满满几百桶的黑火药，拿着火把进去，实在是危险。

那各位读者是不是会问，呸，谁说不危险啊？这小和尚只是运气好而已。

对啊，虽然小和尚安全地出来了，虽然你也安全地拿到理财产品的本金和收益了，但这是否就意味着，银行理财产品就没有风险了呢？

终于说到了银行理财产品这件事，银行理财产品是什么？号称银行理财产品的投资对象，虽然有着这样统一的名称，其实不只是一样产品，而是千奇百怪的各种投资组合。

简单来说，所谓银行理财产品，银行仅仅负责对外募集资金，而投资行为是由银行的各个合作伙伴完成的。这些合作伙伴可能是银行集团内部的投资部门，也可能是合作的基金公司、保险公司、外汇公司，甚至是高利贷公司。

举个例子来说，你家隔壁的王大爷，做你家邻居二十几年了，天天出门回家都打个照面，你觉得他挺值得信任的。有一天，王大爷来问你借钱，钱借得还不少，10万。你问他："借钱干吗啊？"他回答说："你管我拿钱干吗啊，年底我连本带息还给你不就行了吗？"请问，虽然你对王大爷有一定的信任度，正如你对银行有一定的信任度一样，但是这钱你敢借吗？

如果王大爷告诉你，这10万元他用于买车，这款车正好最近打折，但他手上没有现金，年底王大爷公司会发年终奖10万元（王大爷的公司真土豪），到时候他不但把10万元还你，再付你5000元的利息。你了解到王大爷所在公司实力挺强的，5000元的利息也有一定的诱惑力，风险不大，所以你就把钱借给了王大爷。

第二种情况。王大爷说这10万元他用于去欧洲旅游（王大爷真时髦啊），他手上同样没有现金。但是年底时，王大爷的儿子王大发会孝敬王大爷10万元，到时候王大爷还是会把10万元还你，还给你5000元的利息。可是你了解到王大发自己开了个小公司，生意时好时坏，所以年底有可能赚100万元，那时候给王大爷10万元自然不在话下，但是也可能生意不好一分钱不赚，这个时候王大爷就有可能没法还你的钱。这件事的风险就比较大，你的钱借不借就要自己再三衡量了。

明白了吧？银行就是这王大爷，都承诺要给你多少多少收益，可是银行理财产品的背后，到底是王大爷那个实力强劲的公司，还是王大发那个新开的小公司，风险到底是大还是小，你根本不知道。

眼睛里只看到收益，而忘记风险，是投资的大忌。你在购买银行理财产品的时候，就如同那个小和尚钻进了黑漆漆的山洞，心里只想着人参果树，而忘记了去看看山洞里到底有什么。

一般来说，投资的风险跟收益是成正比的，投资对象的收益越高，风险就越高。如果有人跟你说，这个投资对象根本没风险，但是每年的收益回报高达20%，那请你赶快叫上水湄来看上帝。

银行理财产品的风险在哪里呢？银行理财产品的风险在于，你根本不知道风险是大是小。因为银行从来不会告诉你，你买的这款理财产品，到底是投资在货币基金、债券基金，还是投资在股市、外汇或者贵金属和期货产品上。银行也不会告诉你，资金分配的比例是多少，是由谁决策投资的，决策投资的这个人曾经做过什么靠谱、不靠谱的项目，等等。

你就像那个拿着火把钻进装满黑火药的山洞的小和尚，一次两次，有可能拿到人参果树的叶子下山卖了换米吃。可是五次十次，说不定哪一次火把就引燃了火药，然后把你炸得粉身碎骨。

当然，银行理财产品不至于把你炸得粉身碎骨，但是本金损失还是很有可能的。以前没有银行理财产品违约，并不代表以后没有，正如拿着火把进入山洞的小和尚，一次安全出来，并不代表每一次都可以安全地出来。

2013年12月底，中诚信托的一款产品——“诚至金开1号”公告所有投资者，无法按照预期值兑付当期收益，这款产品正是工商银行承销的。在网上搜到，这款募资30亿的产品，当初预计收益是9%～11%，主要投资于山西某煤矿集团，而随着该煤矿集团把这些钱都投入民间高利贷而且血本无归，信托基金的资金只剩下不到5亿元。工行已经公开宣布不会为其托底，如此一来，投资者将面临血本无归的状况。

总之，从前有座山，山上有座庙，庙里有个老和尚，老和尚对小和尚说：“不要总想着人参果可以延年益寿、叶子可以卖钱，也要想想寻找人参果的山洞里到底有没有危险。你要学学我，虽然有可能你找到人参果不会分给我，也就意味着我的收益为零。但是因为我自己不去山洞里，我的风险也就降为零了，老谋深算，还要学学我老和尚。”

为什么这棵树每次都能预言准确

在理财投资领域，总是会有那么多所谓的专家学者，顶着某某大学的金融学位，或者某某研究所资深顾问，又或者某某机构专家团队等金光闪闪的头衔，总之是来头甚大。他们的主要本领就是告诉你未来的故事。

例如："预计国家会对房地产市场进行新一轮调控政策，未来房市的前景不容乐观。"

"今年下半年，债券市场将迎来大逆转，大量避险资金将撤离股市，转入债市。"

"本年度最可能出现的行情就是股指在2150点至3500点或1650点至2400点。"这位专家，你的预测范围好像也太广泛了一点吧？

请比较一下上述文字跟以下这些文字的区别：

“2013年对于白羊座来说是摆脱单身的关键一年，单身的白羊们如果佩戴橄榄石，桃花运会大大上升。”

“你选择了圣杯牌，你本周的运程并不好，过去的问题在本周有被揭发出来甚至爆发的可能。对你来讲，在本周里你需要事事谨慎，出格的事切勿去做！没事的时候低调一点，太高调容易坏事。”

所谓投资专家预测未来，跟神婆用塔罗牌预测星座运势一样不靠谱，不过相信前者的可能更多一些，因为前者看上去包含专业知识，富有逻辑，加上对投资赢利的盲目信心，使得很多人趋之若鹜。

有一部日剧《继续》里面有一集说，在日本的某个寺庙有一棵诅咒树，如果一个人在树上刻上自己的名字，不用过多长时间，这个人绝对就会出意外而死亡。

这棵树堪比最高端的预测专家，预测的准确率为100%，因此，各地信众纷纷前来跪拜，庙里香火鼎盛。

这并不是一个科幻故事，最后的手法说穿了也毫不稀奇，那就是寺庙的住持每天都关注报纸和新闻，只要一听说谁意外死了，就马上冲过去，在树上刻上他的名字。

按照这个故事，其实你可以在彩票购买点前面也种一棵树，上面挂满中500万大奖者的红布条，然后对外宣称，只要在树上挂上有你名字的红布条，中奖率就高达100%。嗯，你只要保证你的地点够偏僻，当记者冲过来的时候，你已经把中奖者的名字写好红布条挂到树上去就行了。

为什么这棵树每次都能预言准确？

因为这种预言是“后验式”的。你只需要比庙里的信徒或者新闻记者早一步，这棵树就会一直预言准确！

不觉得这跟很多投资专家的预测很像吗？无论最近哪家公司或哪个行业大涨，总有人挺身而出说：“几年前我就预测过这件事。”而这一招每次都能蛊惑不少投资者。

我最近就听说，一个做公募基金的朋友说他10年前就预测腾讯股票会大涨100倍，随即吹嘘他对互联网公司有着非常敏锐的判断力。不巧的是，3年前我跟他吃饭的时候，曾经聊过他当时持有的股票，没有一家互联网企业的，当然也没有腾讯。

投资领域还有一种常见的情况。你连续10天收到一家你不知道的投资公司的邮件，连续10天，他们在邮件中所提到的那只股票，涨跌都是100%的准确率。第1天的时候你觉得对方是忽悠，是骗子，但是连续10天都预测准确，你会不由得相信对方真的是股神。

于是，你拿出所有的积蓄，按照指定账户汇了过去——

然后，就没有然后了……

其实真实情况是这样的，这家公司第一天给10万个用户群发邮件，一半人发预测该股票会涨的消息，一半人发预测该股票会跌的消息。当天，这只股票是涨的。于是，第二天，该公司放弃了预测错误的那5万人，给第一天预测准确的那5万人，一半人发该股票会涨的消息，一半人发该股票会跌的消息——以此类推，在第10天，大约有100人会跟你一样，得到连续10天都预测准确的消息。

然后，然后的事你都知道了。

有些人把这种公司称为骗子公司，但是不少专家也是这么玩的。曾经有连续多年都预测房地产市场会跌的经济学家——当然他没有明确说哪一年会跌——开始大家都嘲笑他，可当房产市场进行调控的时候，大家就会纷纷称赞他的预测能力。

其实，普通投资者抵御这种专家预测的最好方法，就是一张纸和一支笔，以及真正的法官——时间。把你认为正确的预测，人物、时间、地点、事件，一五一十地记下来，先不要急着做出判断，让时间，我是说真正较长的一段时间来做判断。因为连续10天预测准确有用户基数不难，而要连续50天，那就几乎不可能了。

独立的思考能力，严密的逻辑判断，详细的投资记录，是一个成熟投资者必不可少的三样法宝。

省钱但不要过苦日子

水湄有个熟人叫小艾，小艾以前是个花钱挺大方的女孩，偶尔也“月光”一下。不过她就快要结婚了，为了那些大大小小的结婚花销和婚房那“亚历山大”的房贷，小艾最近节约为上，同事聚会一律不参加，天天躲在家里吃方便面。

水湄实在看不过去，有一天在咖啡间里抓住了小艾，关心地问她说：“你最近怎么回事啊，大家聚会总也看不到你，表情又是咬牙切齿，又是愁眉苦脸的，是不是遇到什么事了？是不是跟未婚夫有什么矛盾啊？”

“不要乌鸦嘴哦，我感情生活好着呢。我这不是在省钱嘛。”

“咦？省钱啊，这个我喜欢，你都是怎么省钱的啊？”

小艾一想，对啊，这个事应该向水湄请教一下，说不定她可以给自己不少有用的建议。于是她找到我说："我经常不吃早饭或者午饭，一方面减肥，另一方面也可以省钱啊。"

"哟，这可不行，我告诉你啊，早饭很重要啊，不吃早饭，一则你一上午都会没精神，二则其实反而会让你变胖哦，对皮肤也不好。到时候你怎么做漂亮的新娘子啊？其实省钱可以有很多方法啊，不要通过降低自己的生活质量来省钱。要做到既省钱，又不过苦日子。"

"哦，那你说说有什么既省钱，又不过苦日子的秘方啊？"

"比如早饭啊，有些人不吃是为了节约时间，有些人不吃是为了节省钱，其实早饭很简单的。比如麦当劳就有6元早餐，基本营养都齐备了。

"有时候，我晚上把红豆薏米加热水放在保温杯里，第二天早上就是温度适合的红豆薏米粥了。夏天大家都喜欢躲在空调屋里，很容易有湿气，红豆薏米粥对祛除湿气最有好处了。再加上前一天去买个淡馒头，用1分钟在微波炉里加热一下，涂点花生酱或者腐乳，营养丰富的早餐就做成了。而且这一顿早饭，准备时间不超过3分钟，成本不超过3块钱，省钱可不能省营养啊，女人一定要对自己好一点啊。

"还有上次听说你送一个同事生日礼物，买了一副小耳环，就花了400元，这种钱也是可以省的啊。”

“对啊，所以我以后就不再参加他们的各种聚会了。”小艾抢着说。

水湄白了她一眼：“拜托啊，还是那句话，省钱不能降低生活质量啊。你老不参加同事的聚会，年终考评的时候，同事互评的分数怎么办？”

“啊？！我光想着省钱了，那你说怎么办啊？”

“其实送小礼物，关键是心意，不在于价格。像我有时候会去淘宝找一些定制的陶瓷小挂件，每个都不一样，外面也买不到。然后自己买不同的礼盒，再挑选一张贺卡写一些我的祝福，大家收到后都很高兴呢。因为小挂件是一次性买十几件的，所以，店家给的价格都很便宜。礼盒和贺卡也可以在网上买。这样不但价格是你可以承担的，别人在收到礼物的时候，也能感受到你独特的心意。”

小艾想起她过生日的时候，水湄送了一个别致的素色礼盒，用干枯的满天星铺满了盒底，里面是一个有着夸张表情的龙猫的胸针，贺卡上写着——只有永远充满童心的人才会喜欢龙猫，祝福永远不会老的小艾生日快乐!

小艾跳起来说：“真的呢，你送我的那个礼物，我好喜欢。我从来没想过这个礼物是贵还是便宜。”

水湄笑着说："那我告诉你，其实很便宜，你会不会不开心啊？"

"不会啊，我特别感动你还记得我最喜欢龙猫啊。""所以啊，其实有时候并非只有花很多钱才能解决问题的。当然喽，有时候还是需要花点时间寻找信息的，你还记得上次我组织在'巴国布衣'的聚餐吧？"

"是啊，那天的菜好丰富啊，大家也聊得很开心，最后结账的时候，居然一个人才消费了60元，把我们都惊呆了。但是我们后来又去过一次，人数还没你组织那次多呢，怎么一个人分摊了100元还不止啊？"

"哈哈，其实因为要组织聚餐，我就在网上找评价比较高的团购，那次我们10人套餐的团购价才498元，又加了一点点饮料的钱，当然就比较便宜啦。那次省钱的要诀在于要提前准备，要花时间收集信息。"

"水湄啊，综上所述，你说的省钱方法，很多都不是克扣自己，而是通过花时间、花心思，以及早做准备来做到的，对吧？"

"你总算是开窍了，而且啊，省钱有时候也是一件很有乐趣的事，它可以充分挖掘你的创造力哦，别老是愁眉苦脸的了，省钱也是为了好好生活，你把日子过得这么苦，就是省下钱来也没意思，对吧？"

“对，哈哈！”小艾笑开了怀，“我们的口号是，‘省钱不能过苦日子，省钱不能降低生活质量！’”

教授，教授，你怎么这么有钱

虽说韩剧迷有不少，在我身边也有许多从来不看韩剧的人，但就是这些从来不看韩剧的人，2014年的时候也被《来自星星的你》成功洗脑。正如我一位女性朋友所说的："我不是韩剧迷，我也不是购物狂，但我把《来自星星的你》中所有买得起的衣服都买了。"

水湄当然也不是韩剧迷，所以当暖手同学问"你为什么看韩剧"的时候，我面不改色心不跳地回答说："我在向都敏俊教授学习投资技巧。"

话说都敏俊教授从四百年前降落到韩国的时候，就立志为韩国的电视娱乐业做出自己卓越的贡献，但之前做出贡献的都是著名的企业家或富二代弟兄们。作为一个外星人，如何能超越他们，尤其是在财富上超越他们，成了都敏俊教授思考了四百年的问题。

让我们来看看都教授的财富总值。根据可靠统计，教授个人财富总值换算成人民币有2400亿元。这是什么概念？2013年的中国首富——万达集团董事长王健林的资产才有830亿元人民币。如果1万元人民币的厚度为2厘米的话，那么2400亿元人民币的厚度就是48万米，而珠穆朗玛峰的高度是8850米，也就是说，都教授的钱如果全部在你面前叠起来，大约是54座珠峰那么高。俗话说得好，“我用钱也能把你压死”，教授这点钱，压死万把个人应该是没有问题的。

那么，教授这么多钱是来自哪里呢？当然主要是靠投资房地产和艺术品。艺术品我们且不去说，就算当年你能买到，也要能历经400年保证不被“二千”这种人不小心摔碎弄坏啊。我们且来看看教授的房地产投资之道。

教授在1753年的时候，本来想种一点桑树的，当时汉阳非常有名的房地产中介尹成东向他推荐了一块荒地。教授以200袋大米的价格买了下来，历经400年后，这块荒地现在变成了乐天世界。韩国乐天世界是世界上最大的室内娱乐中心，占地25000平方米，按照现在的地价差不多值1000亿人民币，当年教授只用了200袋大米就买下来了，实在是一笔合算的买卖啊。

不过转念一想，这200袋大米是从哪里来的啊？教授降落地球的时候就带了一身衣服，两手空空的。教授又是个正派人（要不然教授你历经400年为啥连个吻都没接过），坑蒙拐骗偷的事俺家教授是不会做的。

根据影片提示，教授曾经从事过非常多的职业。在古代有医生、天文星象观测员（公务员），等等，在现代有医生、律师、银行职员和大学教授什么的。这些工作除了能打发在地球上的时间，等待为韩国影视事业献身的那一天之外，还起到了“积累第一桶金”的作用。

学投资的第一步，当然就是“积累第一桶金”，所谓巧妇难为无米之炊，就算是外星人，就算400年后他拥有惊人的压得死人的财富，也需要从一分一角开始攒起。剧中虽然没有详细阐述教授是如何辛苦地积累这些最初的资本金的，但是我们可以想象，即便是外星人，也要辛苦工作。因为当教授买得起第一块地的时候，已经是1753年了！1753年，那时教授来到地球已经整整140年了，140年教授才投资第一块房地产！看看你们，二三十岁就买房子了，赶紧偷着乐吧。

教授投资守则一：好好工作，积累第一桶金。

当然，在这140年中，教授除了正常上班，辛辛苦苦储蓄，他还投资实业。为啥这么说呢？你想，教授没事种那么大片桑树干吗？而且又是在那么荒凉的地方。其实，他是在开办养蚕场。韩国乐天世界位于蚕室洞，听这个名字你就明白了，当年那里肯定是养蚕业发达的地区。教授在那边买了几万平方米的地，还专门种植桑树，可见他的企业规模还不小呢。即便是教授，即便随便买两个瓦罐藏个400年都能发财的人，也还是会通过创立企业或者投资实业来积累财富。

教授投资守则二：找机会创立企业或投资实业，继续积累财富。

最后来看看江南区狎鸥亭洞地区那块地。估计教授那时候已经很有钱了，所以，他的初衷只是想建个凉亭看看风景。于是，还是这位靠谱的房地产中介尹成东先生，向他推荐了一块地。这块地皮在当时也算很不错的地方了，其前主人是政府官员，因为在王面前说错了话，所以被革职。被革职后可能为了避祸，我个人猜测是怕王追究其贪污的事实，因此要举家移迁至我大清朝。（1753 年应该是清乾隆十八年，以清朝乾隆年间的国力，清朝简直就是高丽民族最佳的移民地啊。）所以，该政府官员急着卖掉这块地。当时那位精明的房地产中介尹先生用了“急，急，急”来形容这笔买卖。于是教授就买了，凉亭建没建成不知道，不过 400 年之后，这个地方变成了韩国首府——首尔的江南区的中心狎鸥亭洞。（教授你说你干吗不降落在香榭丽舍大街或第五大道啊？要不然帝都金融街或者上海新天地也可以考虑啊。）

江南区狎鸥亭洞地区的房价现在如何？我们且来看，教授的“真身”金秀贤同学，在不久前，向银行贷款16亿韩元（约合895万人民币），购入市值40亿韩元（约合2300万人民币）、位于首尔汉江附近的铜雀区黑石洞豪宅。江南区的房子肯定要比铜雀区的贵，加上教授挑的又是高高的面积大的房子。（房地产商你是有多欺负“二千”啊，明明是一层楼的邻居，教授的房子为啥比“二千”的高这么多啊？！）因此，教授自住的那套房子值个三五千万人民币应该是没问题的。这一梯两户，一共算20层吧，那这栋楼的价值少说也有二三十个亿了。

其中，教授也体现出了一个真正的价值投资者的精神。就算当年他这么有钱，只是随便买个地方造个凉亭，他也没有大手大脚地花钱，而是趁着前主人移民、急着要卖的时候，低价购入。

在价值投资之道中，“低价”是一个非常重要的概念。暖手同学常说的一句话就是：“你是否赚钱并不是在你卖出的时候，而是在你买入的时候就已经注定了。”

很多人觉得都教授之所以现在富可敌国，是因为当年正好买到如今最繁华的土地，历经400年后，增值无限。但是，从教授投资江南区狎鸥亭洞地区的方式来看，这块地在当年就是好地方，价值一直在，但是由于前主人移民的关系，急着出手，所以购入的价格比较低。教授趁着低价买进，因此，就算教授在当时就卖出了，也能赚到不少钱。而你，既不是外星人，又无法活400年，还不可能像教授那样运气绝佳，屡次都能买到最具发展潜力的地方，因此，还是学学教授投资的第三条守则吧。

教授投资守则三：寻找价值洼地，逢低买进。

以上三条教授投资守则，尤其是第三条，看似简单，其实能做到的人着实寥寥无几。人心都是贪婪的，人性都是急功近利的。学习投资的过程中，除了要学习投资知识和技能，还要树立正确的投资心态。

虽然说投资中没有神话，但是在神话中也是有投资的。无论是过去的韩剧迷，还是未来的韩剧迷，其实都可以像水湄学习，在有人问到“你为什么沉迷看韩剧”的时候，都应该义正词严地回答说：“我在学投资！”韩剧中这么多富二代企业家，高和帅的问题是先天性的，富这个事情才是可以慢慢学习的。

当然，不仅仅是女生，所有男生朋友也可以在看完此文之后，跟痴迷于此剧的女友说：“咦，你不是喜欢看那个《来自星星的你》

吗？你知不知道，教授为什么那么有钱？”然后巴拉巴拉，女友就会眨着星星眼，崇拜地看着你，说：“欧巴，你好厉害啊，我们快点回去啪啪啪吧（其实这句话是暖手加的，水湄表示很无辜）。为从不看言情剧的男士们创造一个跟女友的共同话题，就是我最美好的心愿。

资料：

在蚕室洞25000多平方米的面积内，有室内“乐天世界探险”和野外的“魔术岛”，还有一年四季都可以去的“乐天旱冰场”等。这是世界上最大的室内娱乐中心。教授在400年前本来想种点桑树，所以就在蚕室洞买了一块地，没想到400年后变成全韩国最贵的地盘。

1753年，最初的投资不动产商，尹成东，是汉阳很有名的房产中介，他说虽然现在蚕室洞一片荒凉，但是种植桑树一定会大获丰收的。当时用200袋大米买来的荒凉之地，现在变成了蚕室乐天世界。由于他曾经在承政院当值，在王面前说错话被革职，忍痛卖掉这块地。本想在风景好的地方建个凉亭，所以，教授买了这片梨园，江南区狎鸥亭洞公寓，100平方米10亿韩币（572万人民币）。当时江南区还不属于汉阳，所以价格很便宜。无法跟汉阳的江北比。

1753年，是清朝乾隆十八年，当时的朝鲜处于李氏王朝。李氏王朝，即朝鲜王朝（1392—1910年），开国始祖为李成桂，历经27代国王和皇帝，在1910年被日本吞并。

当时三成洞才200个村民，很荒凉。张律师说：“我们的祖先都在干吗？当时买点地不是很好吗？”

《来自星星的你》的男主角金秀贤，在2013年向银行贷款16亿韩元（约895万人民币），购入市值40亿韩元（2300万人民币）、位于首尔汉江附近的铜雀区黑石洞豪宅，从此跟SM娱乐公司老板李秀满、《间谍明月》女星韩艺瑟及G-Dragon等人为邻。

投资者要视野开阔

虽说现在的海归数量不少，虽说现在中国已经踏上了国际化的道路，虽说现在国人没去过欧洲、美洲、非洲旅行的都不好意思跟邻居打招呼，但在投资这件事上，似乎很多人的眼界还是非常有限。国人听得最多的国外投资大师们应该有三位：一位是沃伦·巴菲特，谁让他没事就排个全球首富呢；一位是乔治·索罗斯，谁让他没事就玩个亚洲金融风暴，当各个电视台天天播放的时候，谁还能不记得他呢；还有一位，恐怕不是吉姆·罗杰斯，就是本杰明·格林厄姆。前者在投资的同时还环游世界，为文艺青年所热爱；后者是巴菲特的老师，就算没看过那本艰涩至极的《证券分析》，至少也应听过他的大名。

可是，索罗斯和罗杰斯同为量子基金的核心人物，其放眼全球外汇市场的玩法，不是普通投资者可以效仿的。格林厄姆虽然是巴菲特的老师，可是他的贡献似乎更多在于提供投资方法和思路上，而实际投资业绩并不太好。所以，国人翻来覆去念叨的还是巴菲特。

其实还有很多非常牛的投资者是你所不熟悉的，他们年龄不同，风格不一，却都有非凡的业绩，堪称投资大师。

第一位推荐的是塞斯·卡拉曼。我最早听说这个名字，只是因为他写的《安全边际》一书，因为没有再版，所以，在eBay上卖到每本1000美元。一本并不是签名版的书能卖到这么高的价格，可想而知，他的追随者们对他的投资理念有多么疯狂的信仰。

塞斯·卡拉曼在1982年创建Baupost基金，在此后的27年当中，Baupost基金的年均收益率为19%，而同期的标准普尔500指数收益率仅为10.7%。

塞斯·卡拉曼是一位真正的价值投资者，他从来不追随市场的热点，他曾经说过："我们经常在所有投资报告的卖出名单中挖掘投资机会，从来不会关注强烈买入推荐名单。相反，如果华尔街给出买入评级，可能正是我们卖出的机会。"

塞斯·卡拉曼高度关注风险，因此，他的Baupost基金不但不使用杠杆投资来放大收益——当然同时也是放大风险度，而且他经常保持比例非常高的现金，在市场疯狂的时候，他的基金甚至拥有近50%的现金比例，这在对冲基金中，是极难得的作风。

接下来要介绍的一位是执掌绿光基金的埃因霍恩。1996年，年仅28岁的埃因霍恩创建了绿光基金，创建之初的资金仅为100万美元。但是从1996年到2007年，绿光基金创造了22%的年均收益率。

他也是一位价值投资者，但他最广为人知的则是几个做空的案例。在金融危机中，他做空了贝尔斯登和雷曼兄弟，因而大赚10亿美元，从而声名显赫。

我最喜欢的是他这个故事：2010年5月，他参加了一次分析师和投资者的电话会议，他对洛杉矶保健品公司康宝莱(Herbalife Ltd.)的高管们说："我有几个问题要问你们。"他的提问总共只用了5分钟，而在这短短的5分钟之内，康宝莱的股价下跌了8.8%，当天单日跌幅总计高达20%，整个公司的市值缩水了16亿美元。

想一想，这位只有42岁的年轻帅哥，仅仅凭5分钟的提问就导致一个上市公司的市值蒸发了16亿美元，简直就像一个好莱坞电影的脚本啊。难怪他被《华尔街日报》称为"一句话能撼动股市的基金经理"。

除了以上两位之外，还有Richard Pzena。他曾经是贝尔斯登的首席分析师，在他任职期间，贝尔斯登的自有业务远远领先于华尔街其他投行。从1996年开始，他创立了自己的基金。另外，还有上阵父子兵的Donald Yacktman父子所创立的Yacktman基金，这只基金在过去15年的时间里打败了99%的同行。Donald Yacktman还创造了“远期回报率”这个衡量股票价值的标准，为很多投资者所效仿。

远期回报率是Donald Yacktman自己创造的一个量化指标，通过这个量化指标，你可以知道什么时候、什么价格买入可以获得预期的回报率。

远期回报率＝正常化的自由现金流收益率＋公司实际增长率＋通货膨胀率

这些著名的投资大师，有些甚至没有标准的中文译名，但是如果你愿意花点时间的话，还是可以从他们在各个领域发表的文章、访谈，以及他们的年报中获得很多有价值的信息。并且，他们都用了超过10年的时间，以远高于市场的平均投资业绩证明了他们有多靠谱，正如我一直强调的，投资是一场长跑，只有那些十年如一日领先的投资人，才是值得你效仿的对象。

投资收益是否越高越好

在理财投资中有一个非常常见的误区，就是很多人都只关注收益率，也就是“赚多少”。

“我买的那个××理财产品，一年有5%的回报呢。”

“哎哟，你这个也就比放银行储蓄稍微强一点，我去年买黄金，赚了18%呢。”

“你们不知道啊，那个基金有个很牛的明星经理，他真的是业内大牛啊，他的基金每年回报都有25%呢！”

暂且不去讨论这些产品具体的好坏，光听这些语言，你就明白，他们忽视了在理财投资中比收益率更重要的一点，那就是风险，或者更通俗地说，叫“亏损”。

且让我来出一个题目，请你在以下产品中选择一个你觉得最划算的投资：

产品一：保证未来10年，平均年收益率15%。

产品二：保证未来10年，平均年收益率20%，但是投资的第3年出现了30%的亏损，仅仅只有1年的亏损，其余9年都赚钱。

产品三：保证未来10年，平均年收益率30%，但是投资的第2年和第5年，出现了30%的亏损，仅仅只有2年的亏损，其余8年都很赚钱。

现在请你选择一个你认为最值得投资的产品。

喂喂，说的就是你，不要看答案吗？——

这道题目我问过不少人，选第2种和第3种的占绝大多数。

基础一点的，想也不想，认为只有1年或者2年的亏损嘛，收益这么高，怎么也是补得回来的。

稍微有点概念的，他们经过了基本的心算，认为第2种产品每年都比第1种多赚5%，9年也就是45%，那么仅仅1年的30%的亏损，好像也值得啊。

而第3种产品，每年比第1种产品高了15%，8年就是120%啊，那2年的每年30%的亏损又能算什么呢？

而事实是，用简单的Excel表格算一下，假定三种产品同样是原始投入10000元，到第10年的时候：

第1种产品增值到40456元。

第2中产品增值到36118元。

第3中产品增值到39971元。

是不是有点出乎你的意料？

这篇真的可以算作“数字化思维学投资理财”了，亏损之所以可怕，那是因为你要花更多的力气、更长的时间来弥补。

很多人可能不知道，在国外有一个基金，叫作Long-Term Capital Management。这是美国一家非常著名的基金公司，你可以在《赌金者》这本书中找到它的故事。

这家公司牛到什么程度呢？它拥有两位因期权定价而获得诺贝尔经济学奖的学者和1位前美国财政部副部长兼美联储副主席，以及大量的华尔街精英、数学博士。在1994年基金成立伊始，他们就拥有12.5亿美元的资产，他们从1994年到1997年的投资回报率分别是：28.5%、42.8%、40.8%、17%，简直是举世无双！

好了，现在来到了这篇文章的第二个问题，如果你见到了这么一个明星基金公司，还正好认识他们明星基金经理的大姑父的二弟的舅婆的外甥，终于获得这么一个机会可以投资，你会不会投资呢？

现在我给出第4种产品，保证未来10年的收益率每年都是120%，但是只有1年是亏损的。

产品1、2、3、4，你会选择哪一种呢？

让我告诉你答案吧。1998年，长期资本管理公司的基金亏损99%，直接清盘。哦，这就是我们推出的第4种产品，每年都保证收益120%，可是当中有1年（随便哪1年）亏损99%，直接清盘。

曾经有个赌场老手告诉我，最容易沉迷于赌博而最后倾家荡产的人，往往不是那种一开始就输钱的人，而是那种一开始就赢钱，且赢了不少钱的人。因为一开始输钱的话，你会怀疑自己的能力，你会怀疑赌博是不是真的能带来收益。而当你一开始就赢钱，你就会高估自己的能力，你会对风险视而不见听而不闻，你会不断地增加投入，直到把你最开始所有的盈利都赔个精光，还誓不罢休。

这听上去是不是跟很多投资者很类似呢？盲目地追求投资收益，对存在的风险假装看不见，愿意跟风听消息，而不愿意花一点点时间去收集资料，去计算。想想最初那个例子，只要会小学数学的加减乘除，只需要5分钟的时间，你就能很容易知道哪个产品更为划算，但是大部分的投资者，却连这5分钟的时间也不愿意多花，仅凭直觉来做出判断。这怎么可能不栽跟头呢？

投资有风险，入市须谨慎。你会在很多场合看到这句话，而真正能重视风险的投资者才会是笑到最后的赢家。

他们用投资改变了自己和生活（二）

TWO

先行者 2 号——by 阿程 ge

投资是我人生转折的起点

当初接触投资，其实说白了就是钱不够花（毕竟还是学生），知道可以靠投资让钱生钱，如果好的话还能实现财富自由。于是，我抱着试一试的心态去了解投资。我是差不多半年前才开始接触投资的，和大多数人一样，刚开始的顾虑是我什么基础都没有，而且数学一直都不是很好，能不能学会？到底值不值得去研究？毕竟不是所有人都能当巴菲特的。

这半年一步一步走过来，我发现当初的确是我多虑了。比如分析公司，去看年报，这些只需要细心努力完全可以做得很好。当然，对于投资，我也许没有资格说我挣了多少钱，毕竟有许多靠投资挣钱的人比我牛得多。但是，对于我投资以后学到了什么，或者说改变了什么，我还是有很多感触的。投资最重要的是改变了我的人生观、价值观。你们能理解当自己辛辛苦苦分析了一家公司几个星期甚至几个月后，得到了其他人的赞赏，以及看着自己分析的公司一点一点地走近自己当初的预判的这种心情吗？莫名的成就感涌上心头。后来我知道了，投资的过程是对自己能力的一种变相肯定。

也许有人靠投资收获了丰厚的钱财，甚至走向了财富自由。但是在我看来，投资丰富了我的人生，改变了我看待事物的角度。分析过公司的人都知道，要看一家公司，不能只看表面，“要透过现象看本质”，要分析商业逻辑、增长率、护城河，以及自己对未来的预估……各种分析加起来，再根据自己的客观总结才能得到一份分析报告。这里我想说的是，经过这一段时间，我看待事物的角度也潜移默化地多元了，至少从之前的感性变成了现在的理性。

总体来说，投资确确实实地使我的心智更加成熟。可以确信的是，学投资已经是我人生转折的起点。

“ 谁说咸鱼没有梦想 ”

CHAPTER 3

像选爱人一样，选择你的投资对象

所谓的“金融创新”，
大部分都不是真正在产品上的创新，
更多的是在渠道和营销手法上的创新，
不明娱乐真相的人，
当然会“乱花渐欲迷人眼”。

乘钱荒时打劫银行

2014年的朋友圈很流行“钱荒”的文章，很多文章中术语迭起，有个熟识的朋友让我给解释下到底啥叫“钱荒”，啥叫“流动性”，啥叫“银行隔夜拆借”。不过，他说：“我底子差，你得解释得简单点，搞太专业太复杂我可听不明白。”

咳，这还真不容易。

话说西门大街上有两家店：一家是金莲火锅店，一家是西门大人租车铺。这两家店的老板大家都熟悉，就是金莲和西门大官人，生意也都还不赖，但各自也有各自的问题。

这金莲火锅店呢，每天吃的人不少，大家都是拿现银付账，每天的收入大概有2两银子，一个月就是60两。可是呢，每个月5号，又要付店面租金，又要付伙计的月薪，大概要支出40两银子。

这西门租车铺，有10辆崭新的豪华人力车，西门大官人门路广，因此，有6辆车包给了县府衙门做公务车，另外4辆被东城做货运生意的郑富贵家包了做客商接待用。县府衙门和郑富贵都是每个月月底30日才付钱，每个月10辆豪华车的收入有100辆银子。但西门大官人每个月20日要发伙计薪水，要送车去修理铺，得花去50两银子。

现在问题就来了，金莲和西门官人都是擅长理财的人，所以，他们都把多余的银子借出去放债了，每个月5号，金莲手上只有从1号到5号攒下来的10两银子，不够付40两的店面租金和月薪。而西门大官人到了20号的时候，手上也只有30两存银，不够付50两的伙计薪水和修车费用。

所以呢，每个月4号，金莲就要问西门借钱，先垫付店面租金，而西门到了19号，也会问金莲借钱来付修车费用。由于两人关系好，借钱的利息也低，大概也就是年利3%的样子，大概日利也才万分之一的样子。

如果把金莲火锅店和西门大官人租车铺，换成银行A和银行B，那各位看官可能就明白什么叫银行隔夜拆借了。那就是银行A因为各种原因——理财产品到期要兑付啊，企业正好需要钱啊——缺钱了。而银行B呢，正好手上又有多出来的钱，所以就借给银行A解燃眉之急。

各个银行之间相互借钱利息都不高，也就是年利3%左右的样子，谁让大家关系都好着呢。

其实每年年终和年底，县衙都会检查全县各个店铺的资金情况，因为县衙请客常在金莲火锅店，而包的车又是西门租车铺提供的，所以，即使检查，也都比较松，甚至还会拿县衙的银子借给他们应应急。

可是今年不同，今年从京城来了位钦差大人，钦差大人长得黑，脾气也坏，对商铺的资金检查很严格，而且绝对不肯拿县衙的银子给金莲和西门应急。

这下，金莲和西门就出现“钱荒”了。于是，金莲火锅店不得不打出“本月付钱，下月7折吃火锅”的招牌，让老客户们赶紧先交银子来。而西门租车铺也不得不问郑富贵家借高利贷，这个月应付了钦差大人，让钦差赶紧地回京城。为此，郑富贵家坐地起价，西门官人也不得不忍气吞声。

绕了这么半天，各位看官明白了吧。这县衙就是央行，平日里都挺好说话的，但今年因为各种原因，严格起来，闹得底下的银行纷纷相互间借钱，利率一日高过一日。银行还通过发行高利率的短期理财产品，来向老百姓借钱。

这就是“钱荒”的全部历程。不过就算弄明白了钱荒的来龙去脉，又与各位看官有什么关系呢？这又不是电视连续剧，看个热血沸腾、大团圆结局就算了，既然银行闹钱荒，各位看官总要捞点好处才行，从投资理财的角度来说，大家能捞些什么好处呢？

首先是可以用手中的闲散资金买一点短期的高利率的产品。想想西门大官人因为缺钱，向郑富贵借钱的事，其实各个银行因为资金短缺，也会推出利率非常高的短期理财产品，例如，很多银行都推出了年利为7%，甚至更高的理财产品。

趁着银行缺钱，各位看官赶紧趁火打劫，手中若有闲散资金，可以投入银行的高利率借钱行动。其实有点经验的看官肯定已经发现，每年临近6月底和12月底的时候，银行总会推出短期的高利率理财产品，这是因为县府衙门，哦，我说错了，是央行，每年在这个时候都会来检查各个银行的资金情况。库房不足的各大银行，就赶紧向大伙儿借钱，因为急着用钱，给的利息就会高高的。

不过在这当中要注意两点。一个是购买理财产品的时候要注意“保本”两字，理财产品的所谓年化收益率，是预期的，而不是确定的。在购买理财产品时，要把风险放在第一位，宁可买保本的，但收益率略低的产品。

一个是要挑时间长一些的理财产品。你想啊，虽然年化收益率是7%，有些银行的理财产品只有7日，算下来10万元的收益才二三百块，还不够打车钱呢。

所以说，钱荒不是一件“与我无关”的事件，只要明白其中的原理，把握好时机，就能从“钱荒”中捞到实际好处。

祝金莲火锅店和西门租车铺生意兴隆！

余额宝，我有问题要问你

2013年推出的余额宝，使得2013年变成了互联网金融的元年，余额宝给全国的败家娘们儿普及了投资知识，可谓功德无量。可是2015年6月的时候，才两岁的余额宝7日回报率已经跌破了4%，让我们来看看小伙伴们对余额宝的典型问题。

典型问题一： 余额宝是什么?

2013年6月13日推出的余额宝现在只有两岁，在出生的时候，它受到的瞩目程度连阿汤哥家的女儿小七都要嫉妒。但太阳底下并无新鲜事，余额宝刚推出不久，业内人士就纷纷撰文说，这不过就是一款货币基金嘛。

货币基金[③]是什么？我们有请业余龙套王大爷出场。话说王大爷六十多岁了，虽然手上有不少钱，但是听不懂那些复杂的专业名词。每次周围人只要一提到基金，王大爷就会回答说："鸡精不能买太多，对身体健康没好处。"但是，王大爷也不甘心只把钱存到银行里，因为每天王大婶都会跟王大爷唠叨说，菜场鸡蛋和青菜的价格飞涨，王大爷虽然不懂什么叫"通货膨胀"，但是钱越来越不值钱他是很明白的。

因此，他决定把钱交给隔壁听说投资能力很强的都敏俊教授（咦，混进了什么奇怪的东西？）。但是把钱交给都教授的时候，王大爷反复强调："我年纪大了，不想冒太大的风险，年底收益少给我点没关系，但是千万别把我的本金给折腾没了。"

因为都教授在地球人脉深厚，很多很多的"王大爷""张律师"都把钱交给他管理，因此，他手上的钱一汇总，就可以成立一只"基金"。也因为"王大爷""张律师"都要求投资风险要低，所以，都教授就把这些钱分散买了国债、政府债、企业债，以及商业票据等风

---

③货币基金资产主要投资于短期货币工具（一般期限在一年以内，平均期限120天），如国债、央行票据、商业票据、银行定期存单、政府短期债券、企业债券（信用等级较高）、同业存款等短期有价证券。

险较低的投资对象。一般来说，这些债券和票据都是安全系数很高且短期的（平均120天），这样，都教授的基金就可以称为货币基金。而负责投资的都教授就是基金经理人，人称都经理人（你懂的）。

总之，以投资安全系数高，且在一年期内的债券、票据等为货币工具的基金就称为货币基金。余额宝本质上就是这么一款产品。至于这些国债啊、票据啊什么的名词你不懂，没关系，我们下次继续解释。

总之，你只要知道下面两点就可以了。1.余额宝的本质就是货币基金；2.货币基金普遍的风险是比较低的。就可以了。

典型问题二：余额宝安全吗?

我把这个问题转化为更为具体的内容，即购买余额宝有可能损失本金吗?

既然前面已经说了，余额宝本质上是一款货币基金，那么，让我们先来看货币基金是否会损失本金。一般来说，在所有的基金产品中，货币基金是安全性最高的一种。在历史上，几乎没有发生过亏损本金的事。（只有金融危机后的美国曾经发生过。）

网上有一篇文章，叫作《美国版余额宝是如何垮掉的》。这篇文章也只是标题党，实际上，所谓的美国版余额宝，是指大名鼎鼎的第三方支付先驱Paypal在1999年创立的货币基金，它跟余额宝一样，支持用户用基金账户余额支付购物款项（也就相当于用余额宝的钱支付淘宝购物）。但是2011年，Paypal关闭了这个基金，原因很简单。因为金融危机之后，市场上货币基金的收益率降到了0.04%，只有这点可怜的收益率，再加上Paypal的营运费用，到用户手上几乎就是亏损了，因此，Paypal停止了此款基金的发行。

从Paypal的故事来看，余额宝虽然有可能发生本金损失的情况，但是概率非常小（Paypal发生在金融危机的特殊时期），因此可以说，短期来看，余额宝发生本金损失的情况几乎为零。

顺便说下，Paypal的货币基金在鼎盛时期，规模才10亿美金，也就是60亿人民币左右，而余额宝的规模是7000亿人民币，是它的116倍。这是否可以说明中国人的投资渠道太少了呢？

典型问题三：余额宝合算吗？

余额宝推出的半年内，收益率曾经达到过7%，整个市场欢呼雀跃，但我在2014年初写文章的时候就表示，这个收益率不靠谱！

在第一个问题中，我们说了，余额宝本质上是货币基金，一般来说，货币基金的收益率平均在4%左右。而余额宝是多少，是将近7%。不要小看这3%左右的差别，2400亿（2014年2月数据）的2%就是48亿人民币啊。这48亿人民币从哪里来？

有两种猜测：一种猜测是，余额宝其实用钱投资了其他更高风险的项目。如果余额宝所绑定的天弘增利宝货币基金，是严格按照货币基金要求的这些投资对象来投资的，那么，原则上是无法达到7%的年化收益率的。市场上看不到天弘增利宝货币基金的投资报告，无法判断这些钱到底是投向哪些方向的。我们不禁要问，是否有一种可能性，虽然挂着货币基金的羊头，但实际却投向比短期货币工具更具有风险的一些项目，而来赢取这48亿人民币？如果是这样的话，也就意味着余额宝的风险不仅仅是我们前面所说的货币基金的风险，而是更高一些。

还有一种猜测则是，余额宝是赔钱赚吆喝，也就是说，它把营销费用贴给了群众当收益。这种猜测也很有依据。当年要是没有7%的收益率，没有那句“余额宝收益是银行利息的8倍”的宣传口号，哪里可能有这么多欢欣鼓舞的小伙伴，兴高采烈地把钱放到余额宝里去啊？！

如果后一种猜测属实的话，小伙伴们倒是多了一个赚钱的好方法——买新产品啊！如果一样都是货币基金，腾讯的理财通比阿里巴巴的余额宝晚半年推出，那我劝你最好买腾讯的，因为腾讯为了推广它的产品，一定会倒贴钱来让小伙伴们高兴的。君不见百度推出了8%的货币基金（华尔街都要哭了，8%年收益率的货币基金啊），大家就陪着BAT三家慢慢玩吧。

不过，提醒一点哦，8%是“预期收益率”，这就跟余额宝二代是一样的，7%是“预期收益率”，而不是“保证收益率”。这当中的区别，我就不用多说了吧。

其实余额宝最大的亮点，是它革新了金融渠道，也就是说，你原来必须要去银行开户，原来要去网站买基金，现在这些都可以通过余额宝来完成了。对于广大的淘宝爱好者来说，也是一大福音，原本账户里就放着钱，现在能产生一点收益有何不可？

但是余额宝并没有创造出真正的神话（相信我，投资中没有神话，所有你听说的神话都有可能是悲剧的前奏），它仅仅就是货币基金，它的超高收益率也是不会长久的，它对这个世界最大的贡献，就是让原来只知道花钱的淘宝“斩手党”，知道了还有“理财”这件事。

PS：这篇文章是在2014年2月的时候写的，当时我就判断，余额宝

7%的收益率不可持久。果然，2015年7月，余额宝的7日收益率跌破了4%。不过这篇文章仍然有存在的意义，其实当你明白货币基金这件事的时候，你可以在市场上找到更多靠谱的货币基金，有不少货币基金的年化收益率仍维持在5%以上，并且，可以当天赎回哦。当然，更重要的是这篇文章帮你擦亮双眼，不要再被“预期收益率”这种词轻易忽悠啦。

快来买杨白劳家的债

我还真有点怀疑，年轻读者们是否能搞清楚杨白劳是谁。让我简单解释一下剧情：

黄世仁就是一土豪，杨白劳就是一屌丝，年初的时候，杨白劳问黄世仁借了好多箱方便面，然后自己吧嗒吧嗒吃完了。年末的时候黄世仁要他还，结果杨白劳说："我没钱，也没方便面，穷命一条，你看着办吧。"黄世仁说："地主家也没有余粮啊，你借方便面的时候不是说拿你家大脚丫头喜儿做抵押吗？得了，让我把喜儿弄回去抵债吧。"

什么，故事不是这样的？杨白劳借的不是方便面？哦，算了，你就大概看个意思吧。大概的意思就是：姓杨的问姓黄的借了钱，抵押物是喜儿，没钱还啊，就拿抵押物来还。

水湄同学，你又扯远了。快回来写正题，你应该要写国债④逆回购了吧？

好吧，国债逆回购。既然这个名词里面有“国债”两个字，那么先简单解释一下国债。

国债其实就是政府问大家借的钱。国家要建个桥啊铺个路什么的，或者开个奥运会什么的，大笔资金没有来源怎么办？那就发行债券，问大家借呗。其实这跟你同桌没钱买iPad问你借钱是一回事，不同的是国家的信用，要比你同学好，不还钱的概率基本为零。

国家借钱也给利息（所以下次你同学问你借钱，你也可以理直气壮地问他要利息），一般来说，借的时间越长，利息就越高。国债有3个月到期的，也有5年、10年到期的。2013年发行的国债，1年期的利息大约是3.7%，而5年期的大约是6%不到。

简单地说，我国的国债就是我国的中央政府问各位借钱的借据。

④国债，又称国家公债，是国家以其信用为基础，按照债的一般原则，通过向社会筹集资金所形成的债权债务关系。国债是由国家发行的债券，是中央政府为筹集财政资金而发行的一种政府债券，是中央政府向投资者出具的、承诺在一定时期支付利息和到期偿还本金的债权债务凭证。由于国债的发行主体是国家，所以它具有最高的信用度，被公认为是最安全的投资工具。

借据上约定了多长时间还钱，付给你多少利息等信息。至于美国的国债就是美国中央政府问大伙儿借钱的收据，津巴布韦的国债就是津巴布韦中央政府问大伙儿借钱的收据，明白了吧？至于为啥大家常常听说中国买美国国债，而没有听说买津巴布韦的国债呢。原因就是大家普遍认为，美国政府不还钱的可能性要比津巴布韦政府不还钱的可能性低很多。

说一句题外话，我钱包里常年藏着一张面值为50万亿元的津巴布韦币，这种事我会随便告诉你吗？你果然没听错，50万亿！5后面跟着13个零。淘宝上有卖，100元人民币不到，送人自用两相宜，是变成亿万富翁最快捷的方式。

以此类推，所谓地方债，就是地方政府问大伙儿借钱的票据。例如，某地方政府要办个博览会啊，造个地铁什么的，手上没钱怎么办？就可以问大家借钱，这个借钱的凭证就是地方债。所谓企业债，就是企业问大家借钱的票据——听到这里，小伙伴们是不是都明白了呢？如果还没明白的话，我就继续举例子，所谓水湄债，就是你们向水湄借钱的票据（此作者已疯，请远离）。

好，回到正题。国债是中央政府的借据，因为有中央政府的背书，所以安全性非常高。所以企业、银行以及各类机构，都会购买一定比例的国债，这是相当保险的投资。（哦，其实企业和机构跟你一样，也是喜欢钱多多益善的。）但是企业跟机构经常会缺少流动资金，例如一家五星级酒店，看见雾霾挺严重的，就打算装一套空气净化系统，这一下子就需要不少钱，那怎么办呢？抢劫酒店的客人是一种方法，不过有点危险。问银行贷款也是一种方法，不过周期比较长，利息也比较高。既然酒店曾经买过不少国债，那么酒店就想出办法，可以把这些国债当作抵押，借一笔周转的资金来购买空气净化器。反正酒店每天都有客人的房费收入，到时候现金够了，再还钱就行了，顶多就是多还点利息呗。

还记得借方便面的杨白劳不？酒店就是这个杨白劳，喜儿就是国债这个抵押物。那么黄世仁是谁呢？——呵，别躲，就是你，对，说的就是你——就是愿意为国债喜儿这个抵押物付现金的你我他。

简单来说，国债逆回购就是杨白劳（融资方）想要借钱，拿了喜儿（国债）当抵押物，然后问我们这些黄世仁（投资方）借钱。（请注意这里，虽然称为国债逆回购，但实际上不仅仅是国债，上述讲到过的政府债与企业债也可以作为抵押物。）

有人问，那为啥我们这些黄世仁要借钱给杨白劳呢？切，简单啊，因为人家不白借，人家付利息。现在明白这个标题了吧。各位黄世仁们，赶快来买杨白劳家的喜儿债吧。

以下是杨白劳同学答黄世仁问的时间：

黄世仁问：请问，我虽然是黄世仁（做借钱的黄世仁爽吧？），但我不认识你们杨白劳啊，我咋知道你们在哪里呢，我倒是想借钱给你们来着，可应该上哪儿找你们呢?

杨白劳答：这就是市场经济的好处了，你以前肯定也不知道上哪儿买胡桃木的Pencil吧（原谅水湄同学最近在迷这个），现在有人从美国买了在淘宝上卖给你。你以前也不知道上哪儿找杨白劳吧？现在专门机构搜集了大量杨白劳抵押的大脚喜儿在证券交易所卖给你。

黄世仁问：具体怎么买呢?

杨白劳答：国债逆回购在上交所和深交所都能买到，不过前提是你得开通证券账户，并且开通国债逆回购的交易功能，如果你以前买过股票，那就跟买股票没什么两样。——喂，这位黄世仁，光开通支付宝可是买不了喜儿债的!

黄世仁问：你们杨白劳给的利息多吗？

杨白劳答：反正我们都给利息：不缺钱的时候，就给得少一些；缺钱的时候，就给得多一些。平时我们一年的年化利息给个4%左右，缺钱的时候，我们甚至给到过32%。

黄世仁问：哇塞，32%啊，爽死了。隔壁那个佃农余额宝问我借钱，一年的利息才给6%，你给32%这么多啊，那我借给你得了。

杨白劳答：你想得美，你想借给我，我还不要呢。都跟你说了，我们只有缺钱的时候，利息才给得多，每年我们缺钱的时候主要就是季末、年中和年末。这个时候我们特别缺钱，给的利息才会高一点。而且如果利息高，我们一般也就借个1天2天7天啥的。借的时间长，或者不缺钱的时候，我们才不给这么高的利息呢。我是穷人杨白劳，不是傻蛋杨白劳。

黄世仁问：那请问喜儿这种抵押物，除了脚大一点，还有什么缺点吗？

杨白劳答：呵，你以为我会告诉你吗？

此时，嫉妒大脚喜儿已久的水湄冲出来说，缺点多了去了。

1.你要开通证券账户，挺麻烦的吧。

2.如果你买的是1天期喜儿，那你每天都得上网买一次，这跟佃农余额宝不同，人家每天送货到家，买喜儿你得自己上门去拿货。

3.还有啊，你不是上那啥交易所去买喜儿吗，人家还要收喜儿管理费。

黄世仁问：听上去好像有点麻烦呢，那到底我应该借钱给佃农余额宝，还是佃农杨白劳呢?

水湄答：如果你有较大量的资金，在杨白劳缺钱的时候，买国债逆回购肯定是合算的，毕竟利息高嘛。不过，如果你资金量小，又怕麻烦，不想每天操作，那么佃农余额宝也是个不错的选择，从全年的利息来说，两者是差不多的。何况，余额宝兄还每天送钱到家，能特别显示您黄世仁的身份不是?

国债逆回购的故事就讲到这里了，各位黄世仁同学明白了吗？至于如何计算利息啊，市面上有哪些喜儿产品啊等等的问题，请自行百度查询吧。

娱乐是个宝，且行且珍惜

假如有这样一道高考语文试题：“娱乐是个宝，啤酒加炸鸡；娱乐是个宝，且行且珍惜。”请写出这句话的三个来源。估计90%的人都能答对。如果没答对，考后肯定被父母狂骂说：“我说你也别老是死读书啊，韩剧也要多看看，八卦也要多关注，要不高考怎么能拿高分呢？”

且行且珍惜有各种版本的演绎，我最喜欢的那个版本是这三位当事人策划了史上收费最高的公关活动。因为仅在事发一天之后，文章的微博被点击超过1.8亿次，马伊琍的“且行且珍惜”被点击1.2亿次。我不禁想象了一下，如果这些点击都是钱的话……

没错，这些点击就是钱。因为不久之后微博就发布了即将在美

IPO的公告，据说就是因为且行且珍惜事件，为微博增加了30个亿的估值，然后文章同学拿到了1个亿。啊啊啊，我太喜欢这个演绎版本了，这不但是史上收费最高的公关活动，更是让文章荣升为我心目中No.1的投资人：以几张照片、一次道歉的零成本支出，就赢得了1个亿的现金收入（哦，也许是微博的股票哦），真是史无前例的投资回报率!

好吧，回头来讲正题。

前面那道高考语文题目还有一个来源——娱乐是个宝，没错，阿里巴巴推出了娱乐宝。

你的投资对象包括：小四哥的《小时代4》、范冰冰姐的《魔范学院》、王宝强和小沈阳的《非法操作》，以及号称总投资额为7个亿的《狼图腾》这四部电影。

如果你大学毕业或想转行到影视行业，请在个人简历中增添以下内容：

“曾参与投资额高达7亿的电影投资”；

“曾经合作过的电影导演有孙周、高希希和郭敬明”；

“与影视圈众多影视大腕如杨幂、范冰冰、王宝强等有过深入的合作”。

这么牛哄哄的简历谁敢轻视？！你甚至还可以娇傲地对冰冰姐说：“我是你的投资人哦，我们要不要潜规则一下啊？”什么？你想潜规则的是王宝强？！Oh my god，你口味好重。

而这一切的一切，只需要，只需要100元！比在淘宝上做一份假学历还要便宜，而且哦，这100元到年末你还能收回107元，没错，投资回报率高达7%。

感谢读者能够坚持到这里，是不是觉得娱乐意味有点过重啦？没错，与其说娱乐宝是一个投资产品，不如说它更像一个娱乐产品。撇开这些不靠谱的简历内容，仅仅谈谈对于一个投资产品而言，最重要的风险和收益问题。

风险，几乎没有。倒不是说投资电影本身没有风险，其实投资电影的风险还是非常非常大的。不过，仅就娱乐宝这个产品而言，我个人觉得没有风险。为啥呢？这个产品的投资总额才7300万元，不用跟同是阿里旗下的4000亿的巨无霸余额宝相比，就是比起一般的基金来说，总额也显得过于可怜。7%的年收益率，马老板要付出的，仅仅是511万，如果分摊到4部电影上的话，也就是可怜的128万元。为什么说是可怜的128万元呢？因为一部电影的营销成本基本上能够占到总成本的20%甚至更高，那么也就是说，如果以《狼图腾》号称7个亿的投资而言，它的营销费用起码就是1.4个亿，128万占其中可怜的1%都不到。在一个稍微规模一点的报纸上投个系列硬广，都远远超越了这个数字。

收益率。没错，娱乐宝的收益率号称有7%，当然，这个是预期收益率，不过别怕，正如前面所计算的，权当电影投了个硬广，马老板这点魄力还是有的，7%的收益率应该是可以保证你的。不过呢，也别单看百分比，你的实际收益率是多少呢？娱乐宝的单部电影投资最高额为200元。什么？对了，你没看错，200元，我数过零了，绝对没有错！投资一部电影，你年底能够收回14元。肯定不够你买票看这个电影的。投资800元（800元是上限，你没法投资更多了），年底你可以收到56元，你还得上市郊的电影院，看二轮播放，而且不能带女朋友，也不能买爆米花。

现在你明白为什么我说娱乐宝其实只是一个娱乐产品，而不是一个投资产品了吧？

在《余额宝，我有问题要问你》一文中，我说过，其实阳光底下并无新鲜事。所谓的“金融创新”，大部分都不是真正在产品上的创新，更多的是在渠道和营销手法上的创新，不明娱乐真相的人，当然会“乱花渐欲迷人眼”。

对于娱乐产品来说，什么最重要，当然是“感情，感情”。炸鸡加啤酒，让你笑让你哭，且行且珍惜，激发你的八卦心、窥探欲。而娱乐宝，是一次打着投资产品的粉丝营销活动，马老板不愧为营销高手，他借力打力，用不到1%的影片营销费用，制造出了铺天盖地的媒体报道，这笔账，怎样算也是合算的。

但是，真正的投资应该讲求什么？当然是“理性，理性，再理性”。余额宝只是货币基金，余额宝二代只是万能险，娱乐宝简直什么都不是，就是你为马老板的智慧和你喜欢的明星买的单，本质上跟你花100元钱买个明星海报并无差别（嗯，不过看在你还能拿回107元的分上，实际上比买明星海报还是要划算）。理性如何做到？很简单，看我上面是怎么分析投资产品的收益率和风险的，看我是如何反复强调数字化思维的，数字数字，还是数字，合算不合算，一算便知。

不过，如果以人均200元投入的话，仍然有36.5万人在几天之内就迅速买了单。当然喽，一两百元，如果就是出于好玩，或者是以粉丝心态支持喜欢的明星，我可以理解。如果真的拿这个当投资，我、我还真的挺为这些人的智商着急的。

想起前一阵子去参加一个挺不错的培训，有人听说长投网是做投资教育的，就问：“你能教我一年投资如何翻番吗？”我说：“不能！”又问：“那你能教我投资如何每年增长 50% 吗？”我说：“不能！”于是这人很夸张地大叫说：“那你能做什么啊？”我瞟了他一眼，说：“我能教会你如何不被骗钱。”于是举座大笑。

是的，正如余额宝为社会做的最大贡献，不是带给你多少收益，而是告诉你，理财投资很重要。娱乐宝为社会做的最大的贡献，除了登上娱乐版和财经版的新闻娱乐大众之外，还能让大众擦亮眼睛，剥去投资产品的娱乐外衣，以理性的思维方式去思考什么样的投资对象才是靠谱的。

投资易，赚钱难，娱乐是个宝，且行且珍惜。

说说基金这只鸡

看过我豆瓣日记和长投学堂小站的人，都知道我会极力推荐对投资完全是小白的小伙伴们看一本书——《小狗钱钱》。我曾经还写了一本书叫《跟钱钱学理财》，就是我自己学习《小狗钱钱》的体会。就像经典的投资入门书《富爸爸穷爸爸》一样，即便是有了一些投资知识的我，每次看这本书，也还是会有新的感受。

《小狗钱钱》讲的是一只名叫钱钱的会说话的小狗，如何教会一个14岁的小朋友吉娅学会投资的故事。在这本书的后半段，吉娅和她的小伙伴们组建了自己的投资俱乐部——"金钱魔法师"投资俱乐部，小伙伴们定期分享学习投资的心得。当然，小伙伴们有一个导师级的人物，名叫陶穆太太。（想知道陶穆太太是多么有钱吗？她曾经在地下室藏了100张1000马克面值的钞票，25根金条、78块金币，163份证书文件，以及一个装着16块宝石的小袋子。）

在“金钱魔法师”投资俱乐部的第二次聚会中，陶穆太太向大家介绍了一种投资方式——鸡精。

What？水湄你要我吧？！投资鸡精可以赚钱？那我把厨房里的酱油、米醋、花椒、白糖和食盐都换成鸡精了。

哦哦哦，都怪搜狗输入法的模糊输入，其实我打的字是“基金”。

Long long ago，在遥远的过去，这个世界还没有余额宝、理财通以及各种 P2P 的时候，投资的魔法世界里有一种东西叫作“基金”。其实也没有那么 Long 啦，美国基金的历史，不过 100 年不到，中国的基金历史更短，只有 13 年。

很多人的第一次真正投资都是从基金开始的，对了，我说的是没有各种“宝宝”之前的事儿。包括我自己，如果不把储蓄算作投资的话，我第一次真正意义上的投资，就是买基金。

那是2007年大牛市的时候，“基金”这个词儿突然铺天盖地出现在各个媒体的头版头条。那时候我觉得投资股市太不靠谱（没错，我曾经跟你一样，听说过太多关于中国股市不靠谱的故事），太神秘（没错，我曾经跟你一样，对如何在股市中找到值得投资的对象一头雾水），但是基金，有高贵冷艳的基金经理人来帮我管理，帮我投资，那一准儿错不了。

当年的我，真是"图样图森破（too yong too simple）"，犯下的错误罄竹难书。好吧，我就牺牲下自己，让大家踩着我曾经血流成河的尸体，更上一个台阶吧。

图样图森破的错误一：我就想买基金，甭管什么基金。

大家一般可能都会听说，投资基金比较简单。这句话其实不太正确。为什么这么说呢？因为基金其实涵盖了很多对象，基金还分为货币基金、股票基金、债券基金，还有房地产基金、大宗商品基金，以及不同比例混合了这些投资对象的混合式基金。在一款基金中，每个投资对象的比例还各不相同，因此，非专业人士的投资者，不下点时间和功夫，其实很难了解某款基金的特点。

举个例子来说吧。有一天你想吃鸡——嗯，从基金想到鸡精再想到吃鸡，这简直是非常顺畅的逻辑啊——但是又不愿意自己烧，于是，你到楼下的饭店一声吆喝："小二，给我来盘鸡。"于是小二问你："这位客官，您是想吃新疆大盘鸡啊，还是浦东三黄鸡啊？是要蘑菇鸡片啊，还是宫保鸡丁啊？您这鸡，是要清蒸啊、水煮啊、红烧啊、酱爆啊，还是油炸啊？你是要鸡胸脯啊、鸡翅膀啊、鸡大腿啊，还是鸡爪子啊？”

你一听肯定晕了，哪来那么多废话，我不就想吃个鸡吗？

对啊，你不就买个基金嘛，银行或者基金公司的店小二也会这么问你：“你要以债券为主的混合了一点点股票的基金呢，还是要大部分投资大盘股混合了不多的中小股的基金呢，还是要以投资民营企业为主的基金呢？”这简直就像在问一个只想吃鸡的人，你是要吃新疆大盘鸡为主，混合了部分浦东三黄鸡，还有少量鸡爪子的鸡，还是要吃蘑菇鸡片和宫保鸡丁均衡配置的鸡呢？

这个问题怎么破？很简单。先老老实实地搞清楚一些基础的概念。什么是货币基金？什么是股票基金？什么是黄金基金？它们投资的对象是什么？比如，我讲过，余额宝的本质就是货币基金，那么，你就应该研究一下什么是货币基金，它的投资对象是哪些。如果搜索出来的答案中还有一些你不明白的地方，那么继续搜索下去。直到你弄明白为止。在你没有搞明白之前，不要盲目地去买。

图样图森破的错误二：买基金，先听名字好不好听。

不怕大家笑话，我当年买过一个基金，就是因为名字听上去特别高大上。谁的？上投摩根家的。有没有觉得上投摩根这种名字，比广发啊、中海啊、华夏啊，都要高贵洋气上档次啊？以前读MBA的时候，提起摩根士丹利(Morgan Stanley)和摩根大通(JPMorgan Chase)，从来都是说大摩小摩的，说得跟三叔家的二表哥一样亲切，实际上，虽称小摩，摩根大通在业内的根基也要更加深厚一下，有小摩做背书，上海国际信托投资有限公司（有“国际”两个字，有没有？有没有？）作为合作方所推出的土洋结合的基金，各方面都给人以不明觉厉的感觉。

现在的基金，名字个个都吉祥如意，如财富增利、富国天惠、华商领先企业（有没有觉得这个基金就会很领先的样子？），比起当年的上投摩根，有过之而无不及。

但是，基金名字好听，基金经理人有明星相，跟基金是不是赚钱有关系吗？恐怕是没有的。

这个问题怎么破？也不难。《小狗钱钱》里的陶穆太太提供了一个可借鉴的方法，就是寻找具有较长历史数据的基金，应该有10年以上的。这样可以通过数据来鉴别，这些基金是不是能够持之以恒地为投资人带来收益。至于去哪里找这些数据，推荐一个高大上的网站，我们家一直是它的付费用户。它就是晨星网（Morning Star），最好的基金评级机构，没有之一。在上面，各种基金的数据分析和数据筛选应有尽有。

另外提醒你，不要轻易选择新的基金，新的基金出于营销的目的，会有各种吸引投资人的噱头、各种高大上的背景介绍，但是它没有历史记录，谁都不知道这些噱头是否真正能够变成事实。

所以说，要啃下基金这只鸡，其实也需要你付出不少的时间和精力。俗话说得好，天下没有免费的午餐，天下没有白吃的鸡。

老太太炒股记

我，一位六十多岁的老太太，炒股7年，感慨多多。

2007年，中国股市的疯狂年代。据说就连摆葱姜摊的老头老太太，闭着眼睛都能赚钱，我也萌生了炒股的念头。我对股票一无所知，手头倒有些闲钱，出于谨慎，打算打新股。后来，中了1000股中石油。开盘那天，中石油一路高歌猛进，报纸上，电视里，股评家吹嘘：中石油是中国最赚钱的公司。交易大厅里，“小散们”窃窃私语，不涨到200元绝不抛掉，而我也准备捂着这1000股赚大钱。

可那天下午，在英国工作的儿子一连打来几个国际长途，逼着我当天就把它们抛掉。我实在想不明白，埋怨儿子太心急，放着大钱不赚，但又拗不过他，只能在股价48元时抛光了它。

后来中石油的股价果然如坐过山车，直到现在跌成了个位数，我侥幸逃过了一劫。

2007年底，儿子回国探亲，让我们二老炒炒股票，练练脑子。我们也不知道买什么股票好，儿子胸有成竹地拿出了一个文件夹，里面是写得满满的十几页A4纸（记得还全部是手写的），上面分析了民生银行、招商银行、天士力、苏威孚B等几家公司的年报，以及他自己对这些公司的评估。尽管我看不明白，买股票还那么复杂呀，人家卖葱姜的老太太绝对不会花时间去做这些事，不是也赚了钱嘛。 但有了中石油的经历，我且信他一回，于是就买了这几家公司的股票。

2008年开始到2012年，是股市不堪回首的5年，经历了6000点的高位，也经历了1664点的谷底。我和那些“小散们”一样，内心彷徨、冲动、纠结、懊恼，什么滋味都尝过。股市稍有上涨，便想着抛出保本，甚至只想逃掉算了。这时，儿子给我灌输反向操作的思路，当别人都恐惧时，你要大胆地加仓。

于是，我在这几年里，非但没有抛掉这几只股票，反而多次在它们低位时加仓，摊薄成本。最后，我的成本价变成了民生银行5.05元，招商银行22.50元，天士力18.64元，苏威孚B10.69元。

这个持仓价一直维持到2013年。

2013年初，股市峰回路转，大盘从2012年12月4日触底1949点反弹到1月24日2362点，仅仅用了35天，完成了413点上涨。我的账面盈利在过去5年中通过分红以及股价的上涨有了大幅的增加。我听说有些人的账面还有亏损，那恐怕就与选不选优质股有密切关系了吧。选了好公司，且长期持有，就好比傍了棵根深叶茂的大树，只要你有足够的耐心，就定能享受到它的绿荫。

经过多年的分红、送股，我的投资战绩为：天士力盈利720%，民生银行盈利116%，苏威孚B盈利1400%。唯有招行银行说来让人胸闷，去年招行股价低至9元多时，儿子大举买进，我稍一迟疑，错过了时机，现在已经涨到14元了，否则成本又可降低了。

长期价值投资的理念，给人带来的不仅仅是财富，更是一种人生的历练，让人的心智更趋于成熟。

早在春秋时期，圣人孔子说过“举贤不避亲”。我的这段炒股经历，证明了关键几步都是我那儿子帮我做出了正确的抉择。

现在我又面临着抉择，对这些获利颇丰的民生银行、天士力、苏威孚B等股票，我到底是把它们换成白花花的银子呢，还是继续养着它们呢？急盼高人指点！！！——儿子，明天到家来吃晚饭。

其实，我不是别人，我就是小熊的亲妈，是水湄物语的婆婆大人。

PS：这篇文章是我亲爱的婆婆大人戴着老花眼镜，用非常工整的字迹在笔记本上写下来的。这篇文章写于2013年下半年，相信明眼人都知道，当这些盈利能力不错的公司熬过了熊市，来到了2015年的牛市，是怎样的表现。

而且，在2015年4月份的时候，婆婆大人因为要照顾亲孙子，以及在“我觉得市场太疯狂”的认知下，已经基本清空了手上的股票，所以顺利地躲过了6月份能够写进历史教科书的暴跌。

他们用投资改变了自己和生活（三）

先行者 3 号——by 熹微

炒股 2 月半小记

THREE

2015年4月底，我拿到人生的第一笔“大额”年中奖，抛弃了学到一半的长投进阶课，跟随炒股的大军杀入了股市，立志成为一棵为国接盘的小韭菜。当时指数4400点，在进阶课作业中分析的公司，市场对其股票价格已经高估了，于是我追随高管增持的脚步买了两只股票，一只完全不知道具体干啥的，一只是医药公司的，属于我所在的行业，但仅仅知道它是一家还不错的公司，研发能力较强，员工待遇很好，至于基本面和价值啥的，牛市很忙，没空去分析。当时这家公司的动态市盈率已经达83，PB（平均市净率）大概21倍，但我还是那么英勇无畏地买入了。第一家公司在盈利20%左右时卖了，现在看来基本卖在了离山顶还差一点点距离的位置（我会告诉你现在股价已经腰斩了？）——完完全全是靠运气。而那只我比较看好的医药公司的股票，一路飘红，虽然没有出现连续涨停板，但是半个月股价一股涨了10元，盈利30%。后来就是“5·28跳水”啦，那个时候还是盈利不少，于是就坚定地持有，后来大盘反弹，让小韭菜更加坚信6000点不是梦，到5100点的时候，我暗暗告诉自己5500点一定卖掉止盈！

再后来，大盘开始疯狂跳水，第一个跌停板，我没有止盈（这时候还是盈利的）。第二个跌停板，我依然相信这只是调整，我的持有成本那么低（实际上并不低），不用害怕，价值投资者要无视股票波动（真是败给自己了）。最后，指数一跳再跳，终于这只票跌到了成本区，但是因为这时候其他几只票（低仓位的二线蓝筹和银行）已经亏损了，而这只医药股早期给我带来那么多利润，大家都在说国家要救市，还是留着它以后翻本吧。就这样，抱着这样的想法，我全程参与了连续两个交易周的千股跌停，从盈利30%到亏损20%。由于满仓，在后来一些好公司跌出价值后，也没有多余的钱买入，截至今天7月17日，仍亏损5%左右。

经过两周的A股惊魂，虽然有亏损，但是我觉得这个学费还是交得很值的，在实战中学到的经验教训真的是宝贵的财富，这里我也小小分享一下吧。

1. 找准自己的定位：承认自己只是一棵嫩韭菜，不要赚了点钱就自信心爆棚，那真的只是运气。

2. 不要把吃饭的钱投入股市，不要负债投资：虽然在急跌的过程中我亏损了不少，但是我只拿了可用资产的20%进股市，所以就算亏损，对我来说也是很少的，心态一直都不错。那些赌上身家性命融资炒股的人，真的就是在赌博。当然，如果你有99%的把握，杠杆也不失为一个好工具，但是大多数人错把1%的把握当成了100%的把握。

3. 千万不要听消息乱买：5月28日我听推荐买了一只新型的大数据指数基金，刚涨了两天就碰上惨绝人寰的大跌，至今还亏损25%以上，由于基金高昂的申赎费用，我已经装死不管了，好在是指基，被清盘的危险相对较小，回到成本区附近就赎回。

4. 分散投资，资产配置：貌似熊大不是很瞧得上资产配置，但是我还是觉得资产配置对于只有基础理财需求的小白来说，是一件简单可行，不用花很多时间精力也能取得不错收益的方法。我自己的资产配置分为现金类（货币基金），低风险类（混合打新基金、靠谱P2P平台，分级A），还有就是股票（现阶段配置股票还只是为了学习）。另外，还建了一个长期账户定投指数基金和债基，作为长期投资，每月定投数额小。现在摊子铺得太大，以后还会不断地调整和精简，寻找最适合自己的配置和平衡方式。

5.不要害怕持有现金：新手都有这毛病吧，恨不得把股票账户里的钱全部买入，到需要补仓的时候又没钱，就算现在分级宝里面没有好的标的，小伙伴们也是心痒难耐吧。这一点我也在想办法克服。有时候宁可踏空也不要买错呀。

6.不要轻易碰自己不懂的：买了分级B，经历下折后果断割肉了，说起来就伤心。

7.学习：不得不说，想要在投资上取得长期成功，真的需要不断地学习，你是价值投资派也好，技术派也好，甚至是做超短也好，如果放弃了学习，永远不可能获得成功。现在，我又开始做进阶课作业了，在股市狂跌的两周里，看了很多大V分享的干货，也重新开始阅读投资书籍，只有脑中有物，才能做到心中有数。

作为一棵嫩韭菜，能经历这场股灾是我的运气，很多道理都是在这次经历中领悟的，也是这场波折，让我更加坚信价值投资才是让投资者夜夜安枕的法宝。

“谁说咸鱼没有梦想”

CHAPTER 4

认真学习一点靠谱的投资知识才是正经事

投资中的膀胱效应?

随着越来越多普通人对投资倾注更多的关注，很多有趣的名词进入了人们的视野。例如“口红效应”，即指那种在经济不景气的时候，人们的消费习惯和消费对象会发生巨大的变化。就像口红，虽然不是经济必需品，但本身花费并不高，又能给消费者带来一定的心理安慰，因此，在经济低迷的时期销量反而大增。

像中国电影的大热也被归入“口红效应”的一种，以前过亿的票房简直像火星人占领地球一样不可想象，现在像《小时代》《中国合伙人》等片子，动辄过几亿票房，甚至像《泰囧》那样突破了10亿票房的天文数字。这也被一些经济学家称为口红效应，即在经济前途比较迷茫的时候，用比较少的电影票钱，给消费者带来精神享受和心理安慰。

还有比如说“鞋童现象”，这是华尔街流行的一种说法，就是说，如果连华尔街银行门口为金融家们擦鞋的鞋童都在谈论股市的时候，那可能就已经是疯狂的泡沫来临的时候了。

这些说法既简洁，又形象，能让大家记忆深刻。

有一种现象叫作“投资中的膀胱效应”，可能听说的人不多，但其实是很多投资者常常会犯的错误，很形象，也很有趣。

什么叫膀胱？这个就不解释了吧。那什么叫“膀胱效应”呢？也就是膀胱作为储存尿液的人体器官，当尿液储存超过一定的量时，就会发出神经信号，向大脑表示：“现在该把这些存储的内容放出去了吧？”如果大脑表示，现在条件不成熟，膀胱就会越来越频繁地提出要求，甚至最后罔顾大脑的决策，私自进行排放。

那么，什么叫作“投资中的膀胱效应”呢？也就是随着个人投资者手中的现金越来越多，作为现金存储的某个神经中枢，会不断地向中枢神经提出要求：“这些钱放着不是事啊，应该早点投资出去啊？要不然遇到通货膨胀，会越来越不值钱的！”隔壁王二麻子上个月投资某某公司赚了5%，我这个现金放在手上不是亏了吗？随着现金数量越来越多，正如膀胱储量越来越大一样，感情上的急迫甚至会超越理性的判断。

身体上的膀胱效应是人类进化历程中获得的一种能力，而投资中的膀胱效应，往往会带来很多问题。

问题一：现金一定是不好的吗？

投资中的膀胱效应有一个基本的判断，即现金是“不好”的，会面临通货膨胀，会不断贬值。虽然手上的现金越来越多，但是眼见着越来越不值钱，心里着急得不行，所以要赶快投出去才是正理。

尿液存多了当然不是好事，但是现金多了就不好了吗？固然，在现在通货膨胀的大背景下，现金确实存在贬值的风险。但是现金本身有很多优点，例如，流动性特别好。无论是投资基金、股市、黄金，还是其他，遭遇急需用大钱的时刻，什么也比不上现金重要。

我就遇见过一个例子，身边有个朋友，属于淘宝迷，支付宝里总放着不少钱，由于她平时消费支出的90%都是通过淘宝，所以，发了工资也都转到支付宝账户里。时间长了，账户上也留了不少钱。但是最近受了淘宝余额宝的诱惑，当然也就是这种投资的膀胱效应，她不禁想：这钱放着也是放着，还不如买点余额宝，赚点投资回报也好，反正余额宝也支持淘宝购物。于是，她把钱全部转到余额宝里放着。

她这是没看清楚余额宝的本性，其实余额宝就是一个货币基金，风险固然是低，最大的问题是流动性没有现金那么好。于是，当有一天，她儿子进幼儿园要交3万元赞助费的时候，她就面临很大的尴尬。

因为那是个周五，而货币基金的赎回非工作日是不能办理的。 最后，她不得不跟朋友开口周转才解决了这件事。

问题二： 急了，就有用吗？

投资中的膀胱效应，是情绪化的，因此往往会超越理性的判断。当手中的现金越来越多，而又感觉它在贬值的时候，心情往往是火急火燎的。这个时候，很容易忘记“投资需要理性”这个真理。

被投资膀胱效应逼急了的投资者，往往都会用最快的速度把现金投出去，对象一般都是“朋友最近介绍的理财产品”“著名股评家昨天在电视台介绍的某家公司”，总之，他们追求的是“最快”，而不是“最好”。

这种追求“最快”的，往往会导致投资的最终失败。

膀胱只要完成排放的使命即可。而投资，不仅仅是把现金花出去，还期望在控制风险的情况下，得到一定的投资收益。这种判断，需要对投资产品进行长时间的、谨慎的考察，需要理性的逻辑思维，需要耐心的等待，以便在最好的时机出击。而这些，都不是着急就可以解决的。

手中有钱，那很好，但是千万要记得“投资中的膀胱效应”这个名词儿，把钱牢牢攥在手上，不考虑清楚，绝不轻易“排放”，这样，投资才有可能获得最大的收益。

常识与反常识

以前在做咨询公司的时候，经常会讲的一个词儿就是Common Sense，也就是“常识”。因为咨询公司会做一些预测和模型，而这些都依靠一些数据和论据来支撑，但是在很多情况下，你是不可能找到这些数据和论据的。那么，就需要动用“常识”这件事了。

咨询公司面试时常用的案例问题（其实实际工作中也常会用到）就会用到“常识”。比如说，一个市场容量估算问题：请问你家门口的麦当劳一天的营业额大概是多少钱。这个问题很简单，你只要把每天购买的人数和人均消费估算一下做个乘法就结束了。但是人数和人均消费你不可能现场去数，面试的时候也不可能上网查数据，那么就需要动用“常识”了。比如说，在麦当劳人均消费15元至20元，我觉得就是比较靠谱的估算，人均消费100元不靠谱，也就是没有“常识”的估算。

因为在工作中真正的案例往往要比上述情况复杂得多，而当中随便一个不靠谱的推测就有可能导致完全不靠谱的结论，所以，咨询公司的人天天唠叨的就是“Common Sense，Common Sense”（他们为了“格调”从不讲中文，请见谅）。

其实所谓“常识”，还有一个更常见的例子就是在武侠小说里，比如，某侠客想：“这荒郊野外大雪纷飞，她一个妇道人家背负着如此重的行李，还怀抱婴儿，却箭步如飞丝毫不觉吃力，这中间一定大有玄机。”果然看见那个男扮女装的妇道人家（如花？）从襁褓里掏出一把长刀砍了过来。

你看，若没有“常识”的话，侠客同学肯定不会提高警惕，说不定就暴尸荒野了。

说起常识，在投资当中也有“常识”问题。比如，余额宝刚出来的时候，年收益率为7%，大家一片欢腾。但是转念一想，余额宝的本质是货币基金，按常识来看，货币基金的收益率在4%左右是比较靠谱的，超过6%就有点夸张了，而7%，按常识判断是不太可能的。当然，这种有“常识”的人往往会被周围热情疯狂得让感情冲昏头脑的人鄙视。

这样的例子其实很多，我就说很多人喜欢相信“奇迹”而不是“常识”。比如，20世纪50年代相信“气功能治疗百病”，80年代相信一株君子兰价值几万元，21世纪00年代相信花梨木与黄金等价，以及一块普洱茶饼价值30万，话说我还真的曾经在某个客户那里喝过这种天价茶，后来呢，请我们喝茶的这位央企领导被“双规”了。

现在回头来看看，真心觉得像个笑话。

说完了常识，再来说说反常识。我每周上一次krav Maga，那个差点儿被我跟暖手玩死的教练就常常讲到“反常识”这件事。比如，正常的人被别人打脸的时候，总是下意识地往后躲开，而且越远越好。但经过训练的人，可能会迎着对方的拳头上去，然后在接近的刹那往两侧躲开一点点，随后控制对方。

常识是什么，常识是躲开。但是一旦慌忙躲开，自然破绽百出。反常识是什么，反常识是迎着拳头上去，最终控制住别人。

当然，这样的例子还有很多啦（教练恕弟子学艺不精，回去再问下你）。教练常说，什么叫武术天才，武术天才就是能够很快做出跟“自然反应（常识）”不一样的反应。

想起长投做线下活动的时候，有人提问说：“小熊老师，如果你买了一只股票，然后大跌了你会怎么办？”还没等暖手同学回答，我就忍不住说：“他会高兴得跳起来。如果我已经睡了，他会把我推醒说：‘水湄，今天××大跌了，我又买了不少。’”

常识是什么，常识是看到涨了会开心，看到跌了会难过。反常识是什么，反常识就是既然我知道这个投资对象是有价值的，那么价格越低，越可以便宜买进，当然应该高兴啦。

遵循常识，要的是不要轻易受冲动的感情控制，明明是个渣男，明明就应该早点分手，可是感情上绕不过去，心软就又继续拖啊拖。至于反常识，则需要长期持续地锻炼，就像练马伽术一样，练完一两个月后，好多我之前觉得别扭的跟自然反应不一样的地方，已经逐渐改过来了。

投资是一场长跑，首先你要跑过终点

假设你要参加一场全程马拉松比赛，一共100人参加。在这之前这100人都进行了一场10公里的跑步比赛，其中80人的成绩都比你好，请问你在马拉松比赛中成绩大概会排第几名？

大概多数人会回答，在70名到90名之间，并取决于当天你的状态如何。

答案错了，别忘了，马拉松全程大约是42公里，10公里赛跑能跑过你的，未必在42公里的比赛中能跑过你，这是一场耐力的比赛，很多人甚至无法坚持到终点。

当然，这也取决于你，如果你也没有跑到终点，那么你的成绩就是并列最后一名。无论你跑了20公里、30公里，还是40公里，只要你没有完成全程，你的成绩就是并列最后一名！

其实，这句话是著名的价值投资者、Baupost基金的操盘手塞斯·卡拉曼在2007年年报中说的："投资就像一场长跑，不是比某一段时间跑多快，首先你要能保证跑到终点。"

很多人都会崇拜短时间内跑得快的人。同事朋友邻里之间，最为津津乐道的就是，某某上个月买的股票，这个月居然连续出现3个涨停板；某某投资的一个饭店，去年收入了100万；最夸张的是昨天还有人跟我说，他同事的妈妈在2013年做股票赚了400%。这真让我瞠目结舌。且不论这个消息的真实性，而是这400%的业绩，我敢担保，一年两年或许可能，但是三年五年是绝不可能的，而400%的盈利，也可能面临更为惨重的损失。

但这绝不妨碍这类消息在朋友圈中的迅速传播，大家津津乐道于高收益，却忘记了，高收益一定会伴随着高风险，这些人，或许会是5公里赛跑的冠军，但很难变成马拉松赛的冠军。

还记得上一波牛市时，那些在投资市场上金光闪闪的投资大师们吗？号称坚定的价值投资者的但斌、在牛市疯狂之前就解散基金的赵丹阳、自称股神的林园，以及所谓巴菲特门徒的李驰，只要经历过上一波牛市的人，肯定都记得他们。

毫无疑问，他们都是10公里赛跑的领先者，但是如果我们在30公里的现在再回头来看看呢？

东方港湾投资管理公司董事长但斌，经常在博客上公布其投资企业是如何之牛，比如涨幅百倍的腾讯、迭创新高的上海家化、广州药业、同仁堂、奇虎360、贵州茅台，等等，然后真正的事实是如何的呢？但斌的旗舰产品马拉松集合资金信托自2007年2月成立以来，6年多的总收益率只有40%多，平均每年不到7%。另一产品融新263号东方港湾1期，自2010年底成立以来，近三年总收益也只有10%多点，还不如银行储蓄呢。别忘了，这些收益还没有扣除基金经理们的管理费呢。他没有跑到终点。

曾经在股市大名鼎鼎的赤子之心基金公司的赵丹阳，因为入行较早，被称为“私募教父”。他在离开 A 股市场后，带领旗下信托投身印度股市，折损近 30% 而归，至今仍无翻身的迹象。他没有跑到终点。

同威资产的基金经理李驰，曾被业内公认为中国复制巴菲特最成功的三位之一，最近曝出清盘危机，旗下多个产品净值都跌到了7毛甚至6毛以下，可谓触目惊心。他没有跑到终点。

再来看一下最具传奇色彩的人物，也是大名鼎鼎的“股神”林园。林园曾在央视上自称股神，以8000元入市，通过炒股身价达数十亿。他开通微博刚发三条信息就引来十几万粉丝，宣称自己长期投资贵州茅台、云南白药、同仁堂等长期大牛股，但就是这样一位大师级的人物也难以免俗，他旗下基金产品的表现堪比但斌，同样是成立于2007年2月份的林园1期，如今净值也只有130多点，6年收益30%多点，最近6个月更是出现15%以上的下跌。林园2期和3期更惨，至今净值收益为负。他也没有跑到终点。

巴菲特有一句名言：“只有在潮水退去后，才知道谁在裸泳。”

这些随着牛市而被媒体和大众极力吹捧、站在潮头浪尖的投资大师们，随着潮水退去，终于慢慢露出了裸露的身体。

作为一名真正的长跑选手，首先要保证跑过终点。而作为一名真正意义上的投资者，首先要保持常年收益的稳定性。在牛市的时候，我身边有很多朋友非常看不起巴菲特，因为“他的年收益率才23%”。在最疯狂的时候，哪怕是投资普通的基金产品，一年也很可能有100%以上的收益率，因此，看不上巴菲特是有理由的。

但是，别忘了，巴菲特维持这样的收益率已经将近50年了！在这场长跑当中，短期能跑过他的不在少数，可是在一场长达50年的长跑中，能跑过他的，还真没有。

就在不久之前，那些把所有资金都投入股市的人，还在纷纷嘲笑那些因为控制风险而不断保留大量现金的人，嘲笑他们的成绩不够好，嘲笑他们从2015年1月到6月初，没个100%的收益率都不好意思出门跟人打招呼。在股市5000点的时候，我所有的微信群里，讨论的都是2015年下半年会涨到8000点还是10000点。

然而现实就是，我们很快就面对了几乎是A股历史上最迅速的一次牛转熊，大盘迅速掉头朝下，大部分借钱炒股的人迅速退出了赛道，真的很可惜，他们都没有跑到终点。

投资是一场长跑，记得别在终点前就倒下。

1500万的迷思

昨天晚上，我终于见到了某位自己创业，做到公司年收入1500万的强人A君，而且他只用了三年多的时间。怎一个“佩服”了得啊！

可是随着大家深入地交流之后，我身上分析公司的习惯，就让我忍不住开始分析起这位A君的公司了。唉，价值投资者是一群很邪恶的生物。不论多么美好的公司，被我们一扒拉，三下五除二就清洁溜溜了。

先提供给大家一些数据，A君三年多前辞职出来，做外贸进口食品。他的上游供应商是外国的食品公司，他的下游客户是各种网上零售店。从一开始做外贸，他就破釜沉舟，将当时自己住的房子抵押，获得了启动资金85万，加上自有资金和亲戚朋友借贷，一共是200万资金起步。第一年就做到营收300万，第二年飙升到700万，第三年就做到了1500万。今年他的目标是3000万。

以上看着都很美好，那问题在哪里呢?

1.因为供应商在国外，所以每次从A君付款，到他拿到货，一般要耗时3个月左右。而他代理的这个食品，保质期也就一年。这三个月的流动资金质押量是非常大的。

2.就像每个实体产品公司一样，也存在存货卖不出去的情况。因为保质期短，到时候只能采取降价促销的方式处理多余的存货。

3.A君的85万房产抵押贷款，到现在还没有还，所以房子还是抵押给银行的。

4.A君想要进驻某大型超市，无奈该大型超市的几十万入场费让他望而却步。

5.也想要进军京东，但是A君怕京东的量太大，不能正常供货。

上面的五条，都是他不经意透露给我们的。从中我们可以知道:

第一条，说明他的流动资金非常紧张，大量资金押在上游供应商手中。

第二条，和其他大部分实体产品公司类似，存货积压是最大的隐忧。因为产品有一年保质期，而在他手中其实只有9个月（3个月在进口过程中），所以如果9个月不能卖出，这些存货就一文不值了。

第三条和第四条，说明同一个问题，虽然他的营收节节攀升，估计账面盈利也不少，但是净现金流几乎为零。也就是说，这三年下来，他并没有结余多少现金，以至于不能赎回自己的房产（这个和企业家精神应该是没有关系的，因为只是赎回自住房产），或者进驻那些大型超市。在我看来，这才是最大的问题，说句不好听的，他的这家公司并没有为他赚多少钱（参见第一条），所有的钱都拿去押在供应商那里了。

第五条，也说明他的资金链紧绷。

如果分析A君公司的业务模式，是把手中的流动资金押在供应商这里，等三个月拿到存货，开始销售给中国的网上商店。然后用回款得到的钱（他的平均账期是45天），刨去各种成本（包括人工成本），成为新的流动资金（理论上比上一笔流动资金多），再去押在供应商这里。

从中可以知道，这么一个周期，是3个月加上45天，也就是4个半月的时间，所以，每年他平均只能有两个半周期。

现在，他的竞争对手很少，因为这种进口食品比较特殊。未来如果中国经济出现波动，或者这一块出现更多的竞争对手，那他到最后很有可能发现手中持有的不是现金，而是一大批过期的存货。

引申一下，中国很多上市公司都处于这样一个模式中，生产然后卖出赚钱，赚来的钱又变成扩大再生产的资金，去买各种设备和产品。这样一年年下来，公司的生意是越做越大，但是现金没有存下多少。金融危机或者竞争对手一来，公司的财务马上脆弱不堪。

所以在投资中，应该特别注意公司的净现金流，这是为了过滤这种看似很美好的公司。

1500万的迷思（续）

当《1500万的迷思》这篇文章在网上发出来以后，我看到的留言大多都是“公司不都是这样的吗？”“公司创立初期，不都是把盈利用以发展的吗？”等等。

再来阐述一下这个公司的问题。

问题一：资金周转时间长

上游需要3个月（从付款给厂商到拿到货物），下游2个月的账期（从发货到收到货款），再加上库存时间，一个周期大约在6个月，也就是说，他一年的资金只够周转2次。

这个难题可以通过一些方式解决，例如可以缩短上下游的周期。只有当你有足够大的量，才可以威胁厂商说要2个月的周期；也可以要求下游先付款再提货，如果资金周转率提高，就能有效解决资金链紧张的问题。

当然，前提是对上游要有足够的议价能力，同时可能会损失下游的一些客户。

问题二：没有竞争优势

企业必须要有一定的竞争优势才能长治久安。竞争优势可以是价格，可以是服务，可以是定位特殊消费者，等等。

这个企业的发展，主要是市场的增长以及先发优势带来的。打个比方说，你在一个新的住宅区旁边开了一家饭店，你是第一家。随着住宅区的人越来越多，又因为你开得早，所以，你的销售额就逐年增长。但是居民不可能永远增长，饭店也不可能永远只有你一家，等到居民增长放缓，而竞争对手又大量出现的时候，你拿什么来跟别人拼？

这个问题的解决方式，就是要在发展中慢慢寻求自己的竞争优势。例如火锅店，傣妹的优势是便宜，海底捞的优势是服务好，呷哺呷哺，则是一人一锅卫生。至于怎么形成定位优势，我还是推荐老雕的那本神书——《MBA学不会的创富课》。

问题三：商业模式

其实归根结底，上述的问题是框架内的问题。什么是框架？框架是由这个企业所在的产业和企业性质所决定的，也就是通常所说的商业模式。

回答大家“企业不都是这样吗？”的疑问：当然不是！

有些公司依赖于大量的资金投入，例如你想自己造个手机，那需要大量固定资产的投入。你要做洗发水的区域代理，那就要大量地压货。 但有些公司是根本不依赖于大量资金投入的。

我以前开过小店，第二家开在上海的田子坊。租给我们店铺的房东已经是二房东了，大房东才是房子的所有人。但田子坊是上海老弄堂的房子，单位面积都很小，楼上楼下分别是几户人家，怎么办呢？二房东同时向四五个大房东把房子租下来，然后打通，简单装修，租给我们这种开店的用户。

二房东只需要2～3个月的流动资金，先付给大房东，然后需要一定的资金来装修，他装修的时候，我们这种人就已经闻风而动，签下合同。所以，二房东的流动性十分好。

我真是懊悔当年我没有这种投资的头脑，因为后来我身边的一个朋友，就通过这种方式，在3年内攒够2000万，移民美国了。

那些让你早日发财的现金流生意

我在告诉身边朋友关于《1500万的迷思》这个故事后，他们无不爱反问我两个问题：

难道公司不就应该是这样的吗？

要不然，你说还有什么别的公司形式？

下面举一些例子，这些都是真人真事。

案例一：

B君从事商业房地产生意。其经营的逻辑很简单，即时发掘某些招租不好、经营不善的商业房地产地块，和大厦房东（更多的是国营企业或者街道）谈招租。整体租下几千或上万平方米的商业地产，租金一般较低，每平方米每天1～1.5元的租金整体拿下。

然后他将这些地产重新装修、布线、分割、招租。以每平方米3～5元的价格出租。你可以很简单地算出他每天的进账有多少。而且因为商业地产都是付一押二的，这每天、每月的盈利，都是实打实的现金。基本上没有应收账款和账期的问题，现金流非常充沛。而且，B君公司就他一个光杆司令，剩下的装修什么的全部外包，他连陪领导喝酒都找兼职的人帮忙，成本控制极佳。

这三年他做了两块地，已经财务自由，轻松退休了。恐怖的是，就算他退休了，这些地产都还在帮他赚钱，因为那些地块签的都是长达十年的长期合同。

案例二：

C君从事互联网营销工作。其业务的逻辑也很简单，就是帮助一些中小企业建立官方网站、官方微博、淘宝店、iOS应用，等等。从三年前认识他开始，每见一次就发现他苍老了不少。上个月见面，不到40岁的人，头发已经半白了。

互联网营销确实是个辛苦活，手下人员配备众多，而且有一定的应收账款问题。有些企业，你帮他把一个套餐做好了，他也倒闭了。但是互联网营销有一个好处，就是有一定的客户黏滞度，留下的老客户不会轻易地改换门庭，付现金也比较及时。所以作为老板，他也实打实地赚了不少钱，房子也买了好几套了。

案例三：

天晓得D君从事的是什么行业，因为他的公司寿命才三个月。这个故事我是听D君的弟弟说的。D君准备了20万，想要开一个互联网公司，还拖他弟弟去帮忙。

从第一天开始，他就租了300多平方米的场地，开始装修，又购置办公桌、电脑等设备。然后大举招人，养了十几个程序员。等到了第三个月，公司产品没开发出来，风投的钱没有到位，20万元已经全部花完了。于是，一个未来的苹果公司（D君语录）就这样销声匿迹了。

D君大约没有看过《精益创业》这本神书，其实要什么场地，要什么办公桌，先老老实实地开发一个小程序，甚至仅仅只是一个微信群，让用户为你的产品埋单才是正经事，现金流是王道啊。

以上三个事例，不知大家从中看出了什么？

首先，我看到了对初创企业和小企业来说，营收和盈利固然重要，现金流和成本才是致命的。其次，不论公司的远景规划描述得如何天花乱坠，扎扎实实地赚入现金比什么都重要。当然，现在是有风险投资机构这样的事儿，但我们也经常看到，创业公司倒闭的一大原因，就是没有足够的现金流，以熬到有人埋单的那一刻。

同时，当我们去分析一家上市公司，并考虑是否买入的时候，也不妨多想想这些真实的案例，以及那个1500万元的故事。

他们用投资改变了自己和生活（四）

先行者 4 号——by 小强的野望
一个“逗比”的财富自由之路的缘起

结识长投，是因为水湄姐姐的《30岁前的每一天》，财富自由，多么令人向往的生活，未来的我能够拥有吗？不管怎样，行动起来才有力量，我开始学习入门课和初级课，经过学习，了解了三表、市盈率等基础知识，便跃跃欲试，想通过投资带来更好的生活。

入市：2015年初，正式成为一棵粉嫩的“韭菜”。刚开始，我小心谨慎，虽然懂得不多，但严格遵循长投的理念买入，虽执行得不太好，但盈利也正向增长。或许是人性的贪婪，看着周围的人大幅盈利，我按捺不住自己的心，开始各种冒险：频繁操作、加杠杆、追高、倒金字塔加仓、无安全边际随意抄底（基本新手犯的错误都来了一遍）。好在市场环境向好，虽然略有波折，但总盈利还是逐步增长，我开始盲目膨胀，投资什么的，So easy嘛！年翻几倍不是梦啊！

此时，早已将长投的理念抛却脑后，没有想到危机已悄然而至。

惊变：2015年的6月、7月，是值得载入投资史册和令自己反思的。没有一点点防备，大跌就这样出现在我的世界里，带给我“惊喜”。而舆论普遍认为是技术调整，我依旧盲目补仓高杠杆的分级B，直至满仓。而这次是碰到“黑天鹅”了，短短十余天，上证指数从5100点到3300点，千股跌停，千股停牌。盈利吐出，本金亦损失40%。我这棵“韭菜”也没能逃脱被“煎蛋”和“烧烤”的命运。

反思：本想通过投资快速积累财富，以便给某人以更好的生活，结果盈利不成反而亏损本金。说实话，我也有过失落和消沉，并一度丧失信心，怀疑自己。但不管如何，生活还得继续，在哪里跌倒，就在哪里好好趴着，想清楚了，再重新上路。

总结：1.不太懂的东西不要轻易碰，你的行动力越强，所带来的后果越糟糕；

2.投资是投资，政治是政治，请牢记，投资的目的是盈利，而不是所谓的“为国护盘”，可叹更可笑；

3.严格控制止损位置（20%），切记不要盲目加仓，须知现金为王；

4.抛却一夜暴富的奢望，投资是一辈子的事，暂时的盈利和亏损不算什么，学会默默等待机会；

5.牢记长投的价值投资理念，坚持低风险投资之路，敬畏复利的力量；

6.投资心态很重要，大师的分水岭往往在这儿，切记：一个人真正的强大，是心灵的强大！

后续：我仍旧还是那个喜欢“逗比”的小强，但是心态更平和，步伐更稳健。兜兜转转，更能体会长投的理念。财富自由，我才刚上路，并会一如既往地坚持下去，为你！也为自己！

“ 谁说咸鱼没有梦想 ”

CHAPTER 5

你值得拥有更好的生活

当投资变成一种生活态度的时候，
你就能更为客观、
更为量化地去看待很多事情。

当你老了，你将过上怎样的日子

2013年7月1日实施的《中华人民共和国老年人权益保障法》第十七条明确规定：赡养人应注重老人的精神需求，与老人分开居住的赡养人，应经常看望和问候老年人。

就在同一天，国内首例精神赡养案在无锡开庭审理，法院判决原告储某子女，除对老人进行一定的经济补偿外，至少每两个月到老人居住处看望、问候一次，重大传统节日至少看望两次。这是常回家看看入法后国内首例判决。

谁来养你的老？

30年前政府的宣传口号是："计划生育好，政府来养老"。

不出10年，在20年前，宣传口号已经变为："计划生育好，政府帮养老"。记住哦，是帮助你，协助你，但主要还得靠你自己。

10年前，这条宣传已经变为："养老不能靠政府"。

现在，政府以立法的方式明确给你指明了方向，养老一定要靠子女，子女不养老，就是违法行为。

父母的养老问题，由你来解决，而你的养老问题，谁来解决呢？

你养老需要花费多少钱？

假设你60岁退休，活到80岁（我当然希望你长命百岁，但是姑且按平均年龄算吧），你每个月需要多少钱呢？

吃饭什么的，估计需要1000元。这还是算你在80岁之前，还能自己买菜买米，烧饭，绝对不需要雇保姆阿姨什么的。

水电煤气，算少点，100元吧。这也不算你年纪大了，怕冷怕热，每天都要开空调什么的。

衣服鞋袜，也算少点， 300元吧。

交通费用，100元吧，这也不算你70多岁了，腿脚不方便，要打个出租车什么的。这些我们都不考虑，只算你想看看孙子孙女，坐地铁、汽车的钱。

交际费用，400元吧，同事、朋友偶尔也可以聚个餐什么的，还有老朋友的葬礼礼金——抱歉地提醒你，你的朋友也已经逐渐老去了。我们也没算上朋友的孙子、孙女结婚什么的，也不算你给自己家孙女买礼物买玩具零食。

娱乐旅游，300元。那个时候你老了，但是你还上上互联网，所以需要缴网费，你很节省，不看电影，也不出门旅游。

医疗费用，800元。算你身体强健，没有大病大灾，但是偶尔还是有点血压高、腿脚不方便什么的，一年1万元的费用真的绝对绝对不算多。你说什么？有医疗保险？忘了告诉你了，医疗保险只报销重大疾病，感冒发烧高血压糖尿病不算，而且你还绝不能用进口药。

这样算下来，每个月是3000元。20年，你需要72万元。

听上去不算多对吧？哎呀，大事不好，我忘记告诉你了，按照国家公布的统计数据，每年有5%的通胀，也就是说，如果今年你有100元，可以买100个鸡蛋，明年你就只能买95个鸡蛋了。

所以，如果你在60岁那年需要72万元的现金，假设你现在30岁，你需要拥有310万元（没算利息），随着通货膨胀不断贬值，你在60岁才可能有72万元的消费水平。而这仅仅是你出门不打车、在家不开空调、不能出门旅游，也绝对不生大病的不奢侈的保底的老年生活。

哎呀，我还忘记告诉你了。5%的通胀是国家有关部门公布的统计数据，而按照我们真实感受到的情况，通胀超过10%，那是什么概念？相当于你在30岁那年，必须要有差不多1250万元（不算利息），在你60岁左右才能达到96万的消费水平。

你听说过有一个词叫“复利”吗？很多投资者都把它誉为“世界上最伟大的事”，在养老这个问题上，复利也发挥了巨大的作用，可惜这里是“负利”，也就是倒过来的复利。因为通货膨胀让你的现金资产不断缩水，以负的“复利”的速度在缩水，因此，除非你现在就能攒那么多钱，否则在你年老的时候，你只能勉强保持最低娱乐状态，保持最高健康状态，没有乐趣地过完你人生的最后20年。

现在或许你还年轻，但总有一天，你会渐渐老去，当职业带来的生活安全感逐步消失，当家庭结构日趋单一，当社保只能部分补偿……我们拿什么来养老？靠什么保证原有的生活质量？

没错，你可以风花雪月，你可以文艺青年，你可以弹琴唱歌，但不可否认的是，有一天你会老去。老去的你将过上怎样的日子？

论投资和找老公的异同

有人说投资理财跟找老公有异曲同工之处，其实还真有那么一点相似。两者都是对生活影响很大的事，找老公要事先考察，相处一段时间，擦出火花之后，最好还要对他的历史问题、家庭环境做一个全面的了解，一个不慎，就是耽误一辈子幸福的事。

投资理财呢，也要谨慎从事，真正好的投资对象，也要事先做很多准备工作，最好是小规模的资金投入，先试婚一段时间，有感觉之后，最好还要看看历史收益记录、基金经理的情况，做一个全面了解。要不然，也是亏钱的大事。

不过呢，有很多女人在找老公这件事上慎之又慎，但是在找投资对象这件事上就马马虎虎、随随便便，所以老公虽然找得不错，但投资上亏的钱就不少。现在我们就按照寻找好老公的几个步骤，来谈谈怎么寻找好的投资对象。

1.要了解市场情况

一个女人，很少有在成人后看到第一个未婚单身男青年就嫁了的吧？总要在学校里、在公司里，多看看，多接触，大概知道自己合适什么样的对象，然后才找符合自己感觉的，开始谈恋爱。

同样地，寻找投资对象也千万不能直接就投资你知道的第一个对象。同事艾米丽推荐了一只基金你就买了，隔壁王大哥推荐了一只股票你就买了，那艾米丽跟王大哥推荐的单身男青年，要是你没见过也没了解过，你会不会就直接嫁了呢？

不会？那不就得了！先多了解一下市场总是没有错的。

2.寻找适合自己的目标

无论是结婚对象，还是投资理财的对象，总要先了解一下市场的大概情况，也衡量一下自己手中握有的筹码。如果是找对象呢？你自己是硕士毕业，身高1.72米，月收入1万元，一般而论，你不会找中专毕业、身高1.69米、月收入3000元的对象。同样地，如果你手上的本金只有20万元，而且两年之后你还要用这些钱付你去美国留学的费用，你就不应该选择风险比较高、波动比较大的投资对象。

虽然你会说，爱情不是看物质条件的。这个我承认，不过我们主要讨论的是投资对象好吧，如果你一定要认为你跟某个投资对象情投意合，不管它适合不适合你，不管它未来亏钱不亏钱你都不会抛弃它，那我祝你幸福。如果你希望寻找到适合你自己，而且可以赚钱的投资对象，那还是请多挑选一下吧。

3.根据历史记录做判断

如果你知道你新交的男朋友过去谈过5次恋爱，而且每次都没超过1年就因为劈腿而分手了，你还会充分信任这个人，把他作为好老公的人选吗？

如果你知道一个你想投资的基金，过去5年收益率都低于市场平均水平，而且基金经理跳槽频繁，你还会信任这个基金，把它当作一个好的投资对象吗？

如果你知道一个上市公司，在过去5年中，每年的毛利率不断下降，而且管理层大量抛售手中持有的股票，你还会信任这个公司，把辛辛苦苦攒下的钱都买这个公司的股票吗？

无论对于一个人，还是对于一个投资的对象，过去的历史记录都是很重要的，虽然过去的历史记录好，也不代表未来不会发生问题，但是如果过去有多次糟糕的记录，未来发生问题的可能性就会很大。因此，了解你的投资对象的历史记录，也是一个很重要的步骤。它会帮助你判断你所选择的投资对象，未来发生糟糕情况的可能性到底有多大。

4.尝试相处一下

虽然对于“试婚”每个人的态度不同，但是恋爱还是要谈，这谈恋爱不仅仅是花前月下，你侬我侬的甜蜜，还要尝试相处一下，看看双方在价值观上、在未来目标上、在生活细节上，是否相处融洽。

在寻找投资对象的时候，也建议可以先“试婚”一下看看。无论是基金、股票，还是其他产品，可以先尝试用比较少的资金购买。然后观察这个投资对象具体的表现，如果确实是一个好的对象，再决定同它“结婚”也不迟啊。

总之，虽然投资跟找老公听上去完全不是一回事，但两者确实有很多相同之处，其关键在于，要找到一个靠谱的对象，无论是老公，还是可以帮你赚钱的产品，你都要付出足够的时间，以充分的耐心去慢慢寻找，相信你最终总会找到幸福的。

娶老婆要娶实惠人，投资也要投实惠的对象

在未婚的男士和已婚的男士眼中，理想女人的标准是不太一样的。在未婚的或者比较年轻的男士眼中，女人一定要漂亮。就算不那么天生丽质，总要会一点穿衣打扮，身材如果能呈现S型最好，至少也不能完全看不出曲线啊。出席社交场合的时候，一袭低胸晚礼服要能惊艳全场。因此，美女就是最好的选择。

可在已婚或者比较成熟的男士眼中，理想的女人则应该是：在家能料理日常家务，婆媳关系和睦，不盲目追求高消费和奢侈品，出席社交场合时穿着、言谈得体，落落大方。至于是不是S型曲线，是不是穿低胸晚礼服，那不在考虑范围之内。

所谓，娶妻当娶贤。

其实投资也是一样的，外表靓丽抢眼的不一定是好的对象，踏实实惠的才有可能陪伴你终身，给你带来切实的利益。

举例来说，假设你在股市遇见两个公司——

公司A，该企业的创始人19岁就大学毕业，且就读于全世界最著名的医学院和商学院。他白手起家，现在才38岁，已经是上市公司的董事长了，他的经历堪称一部传奇小说。公司的研发团队一共59人，全都拥有医学博士头衔，而且都有约翰·霍普金斯大学、哈佛大学医学院等金灿灿、响当当的来头。

这个公司是现在最火的生物医药行业，现在正在研究能同时攻克癌症、艾滋病、糖尿病、高血压和心脏病等所有疾病的一揽子解决方案。我们姑且把这个药品叫作“仙药一号”吧。

在公司的宣传册上，仙药一号将成为继阿司匹林和“伟哥”之后全世界最赚钱的药品，未来它将会造福全人类。在公司的宣传册上，身穿白袍、背后有隐形翅膀的研究人员，悬浮在半空中看着受苦受难的芸芸众生，让人看了简直忍不住热泪盈眶。

在知道这一切的一瞬间，就像遇见一个超级美女的一瞬间，你立即就下了决心，要把所有的钱拿出来投资A公司，因为你坚定地相信，在实现拯救世界这一目的的同时，这家公司也会为你带来想象不到的利润和利益。

公司B，虽然也是上市公司，可没啥精彩故事。创始人都66岁了，长得干瘦，像个乡下老农。他一辈子只会干一件事，就是卖番茄，不同的是，以前是卖番茄，现在卖番茄酱。多少人劝他卖黄瓜和卷心菜，他就是不搭理，仍旧埋头研究番茄酱。他们公司很死板，不会变通，从来不让批发商赊账，现金支票拿来才给你货。因此，企业现金流非常充沛，董事长也不相信金融产品，有了钱就继续买番茄地，生产番茄，做番茄酱。

你烧菜从来不用番茄酱，所以，你也不明白这玩意儿有什么好的。这家公司连黄瓜和卷心菜都不卖，未来发展的想象空间实在有限，因此，你想不出任何理由来投资B公司。

在真实世界中，这两家公司的故事很常见。常常会发生的状况是，10年以来，A公司的仙药一号一直没研究出来，很可能永远也研究不出来了。而且公司烧钱的速度越来越快，那么多著名医学院出来的博士，薪水可不能太低啊。如果你一定要打破砂锅问到底，这是不是神话故事，请你去搜索“重庆啤酒”这个关键词。在长达13年的时间中，作为一家传统的啤酒制造商，重啤不断以“乙肝疫苗研发”为噱头，获取了许多喜欢风光故事和美貌外表的投资机构和个人投资者的追捧，这个神话，终于在2011年年底变成了悲惨的故事。

B公司也有参照对象，老干妈市值突破30亿元，老干妈陶华碧没有想过什么企业多元化的问题，黄瓜、卷心菜一律不卖，只卖辣椒酱。这家公司的财务极其稳健，要成为它的经销商，不仅一律现款现账，不能赊账，并且还要缴纳上千万元的押金以证明自己的财力。

现在有没有后悔选择A公司，而放弃了B公司啊？

美貌动人固然重要，但是作为投资对象来说，踏踏实实地为股东挣钱才是真正的实惠啊。

最后说一个好消息。从长期（三五年以上）美股统计数据来看，公司B的涨幅一般在公司A的3倍以上。考虑到无数的公司A最后倒闭而无法进入统计，那公司B的实际涨幅还要高。

财志相同，才有幸福生活

其实，投资在一般人的眼里是一种技能，即“能赚到钱就行了”，但其实投资是一种生活观念，或者说是生活态度。从广义的角度而言，投资不仅仅包含一般人所说的基金、股票、黄金、期货等金融产品，还包含技能的投资、婚姻的投资、幸福的投资等等内容。

例如，美国有好几个比较大学的网站，有些网站会说，哦，某某大学的教授学术水平很高；或者说，校园环境很好；或者说，学生来源比较多元化，有利于多元文化间的交流等等。但是有一个叫作PayScale的网站，它只关心大学的投资回报比，即上这所大学，学生要付多少钱，以及毕业之后的薪水是多少，直接算出性价比，这就是把读大学作为一种投资对象了。

当然，我必须要说，读大学并不仅仅是为了找薪水高的工作，但这确实也应该是一个不得不考虑的因素。因此，当投资变成一种生活态度的时候，你就能更为客观、更为量化地去看待很多事情。

例如，婚姻。

夫妻之道，需要志同道合，如果目标都是一样的，那么你骑马，我牵驴，或者你开拖拉机，我开法拉利，问题都不太大，无非是我拖着你一点，你停下来等我一下，相互搀扶着，怎么样都能到终点。最怕的是终点不一样，你去西藏，我去海南，就算我们是两架超音速空客，又怎么能在一起并肩飞翔?

在这种志同道合中，对财富的观念一致，又是很重要的组成部分。我老娘经常说，夫妻吵架，90%吵的都是经济问题，这话可能没有精确的统计学数据来源，但留心观察身边的人，发现倒也没有大错。

想起一个例子来，前两年，家里有个远方亲戚结婚，新郎高帅挺拔，新娘妩媚动人，婚礼现场不是歌舞剧，就是钢琴独奏配诗朗诵，很有一种舞台剧的享受。

但作为财迷一号，我私下里就给他们算了一笔小账。

酒席7000元/桌，16桌，加点自带酒水，小计：12万元；

婚礼策划，现场布置，导演主持摄影摄像，估摸着不便宜，算5万元；

婚纱据说是买的，非常漂亮，单主婚纱就1万多，算2万元；

婚纱照在马来西亚拍的，很漂亮，加摄影师、化妆师、机票啥的，算3万元；

钻戒，新娘首饰，父母新衣服杂七杂八的，算3万元。

婚礼小计25万元。

新郎新娘的收入其实着实不错，工作三四年，月收入两人加起来也有约2万元，不过这次婚礼也都把前三年的积蓄花销殆尽了。

好了，现在最大头的来了。房子，精装修，总价420万元，父母付了260万元（很气派吧），他们自己贷了160万元，20年，估计要还个350万元左右，每个月的还款在1.5万元左右。房子是在高点时买的，现在已经跌价了。也就是说，这对刚刚步入幸福婚姻的小夫妻俩，已经成为“负翁”了。

不久前，听说小两口闹矛盾了。因为女方怀孕了，因为她的工作经常出差比较辛苦，因此想辞职，生完宝宝再去工作。但是这样一来，家庭收入就骤降了一半。虽然他们月收入2万，但是每个月要还房贷，要付汽车的维护费，再加上两人的开销，日子过得一直都紧巴巴的。现在月收入骤降一半，再加上未来的宝宝开销也会很大，两个人的现金流捉襟见肘。于是女方提出，向自己的父母借一点钱，男方出于强烈的自尊心不同意这个建议，甚至说他们两人还年轻，建议女生暂时不要这个孩子，于是就引发了剧烈的家庭矛盾。

结婚确实是人生中的大事，但是为了结婚，他们不但把之前所有的积蓄消耗殆尽，还欠了房贷、车贷好多债，是否值得呢？没有考虑过未来可能出现的一些经济风险，例如女方怀孕、失业、家人生病等，没有一定的积蓄去应对这些风险，过度乐观地判断未来的形势，从投资这个角度来说，都是不正确的做法。

这让我想起在美国金融危机最严重的时候，有人在伯克希尔·哈撒韦公司年会上问巴菲特和芒格："美国梦错了吗？每个人都有房有车的美国梦想错了吗？为什么现实世界会变成这样，我们不得不卖掉我们的房子和车子？"

巴菲特和芒格回答说："美国梦没错，但你理解错了。美国梦说的是，只要你努力工作，就可以买你负担得起的房子和车子，而不是负债借款买豪华别墅和房车。美国梦没错，是你错了。"

正如在这个例子中的小夫妻一样，憧憬美好幸福的婚姻生活本身并没有错，但是如果缺乏正确的金钱观念，过分追求结婚时的隆重华丽和一时的风光，就有可能要承受危机四伏的家庭财务状况，以及由此带来的各种焦虑。

夫妻只有财志相同，才会有幸福的生活。

他们用投资改变了自己和生活（五）

先行者5号——by 叶小礼

从对钱的态度上，可以看出对方是否适合自己

最早有理财意识，是受我的一个高中同学的影响。我们关系很好，上大学还有联系。上大学大家都知道的，有生活费了，可以说是真正意义上开始自己管钱了。我一向是没什么计划的人，也不喜欢存钱，原因是觉得一点一滴存，存半天也没多少，所以干脆不存。我的好朋友有一次说，哪怕一个月只能存下来五十块，他也很开心。他的话当时对我有一点触动，心里默默留下来了一个影子。（实际上，我上大学四年花钱越来越没有余额，但是我从不找家里要额外的钱，这一点我觉得自己还保持得不错。）

真正开始想理财，我也记得很清楚。当时是在广州，《广州日报》

有一个连载版面，有一回连载了一本书——《女人就是要有钱》，我看了之后觉得写得很好，是我想了解、想掌握的东西。于是打算买那本书。正好老公（当时的男朋友）问我想要什么礼物，我就叫他买了这本书给我。我还记得当时这事给我留下的几个印象：

1.他直接在书店买了原价书给我，而且用的还是EMS快递。有淘宝打折包邮的啊，亲！对此，老公的解释是怕买到盗版。从这里我感觉到他是一个不拘小节、追求完美、不计小成本，也不擅长理财的人，对于在意的人，只想给最好的东西。如果是花小钱就能办到的事，绝对不犹豫。这个感觉在结婚后得到多次证明。

2.老公当时调侃了我一句，以后家里赚钱的事就交给你。现在的确是我更积极地在学习理财，打理家里的存款。他负责赚钱养家，我负责存钱打理。

3.其实那本书没有太多实质的内容，重点就是两句话，女人有钱很重要很重要很重要，复利效应很可观很可观很可观，所以，要趁早存钱趁早有利息。不过，这对我强调了复利的影响，看数字“哗哗”

上涨，就觉得赚钱和理财很有动力了，有没有?

之后，就是找了一些书来看：《富爸爸穷爸爸》《小狗钱钱》，这都是大家比较熟悉的书了。也开始存工资，因为自己的习惯，也不借钱。

以上，我并不想谈自己的投资史或者赚钱能力。我只想说，通过对钱的态度，很快能识别出对方是否适合自己！我自己也是比较爱花钱的人，如果老公是一个很计较的人，日子肯定过得非常痛苦。长期生活在一起，双方对钱的态度要基本一致才行。细节出魔鬼，虽然当时没有什么理论来支持我，但是从老公几次买礼物的态度，就感觉到了他是在乎我的，舍得为我花钱。

找理财项目也是同样的道理，风险与收益，这些都必须与自己匹配。否则，即便是再高的收益，你一直提心吊胆想要挣脱高风险的阴影，心里会非常累。切合实际，适合自己就好。你喜欢颜值高、身材好的人，那也许人家是个健身狂热分子，根本不肯花时间陪你做任何不能健身的事，你要也是健身爱好者那便恰恰好，如果是个天生的“沙发土豆”，和这样的人过日子应该是互相看不顺眼吧？对于钱财，也是一样的道理。

“ 谁说咸鱼没有梦想 ”

CHAPTER 6

不做剁手党：今天起和“月光”说拜拜

改变月光族有一个小秘籍，
就是每个月拿到薪水之后，
先储蓄，后消费。
把储蓄当成比消费更重要的事来做，
而且这个储蓄必须不能动。

只给女生看的投资经

我在很小的时候曾经看过一本书，开头就写着：

只给女孩子看的童话。绝密！请男孩子自觉！自觉！！再自觉！！！

嗯，跟我年龄差不多的大概就懂得，这是郑渊洁当年写的《鲁西西外传》，当然，还有《皮皮鲁外传》，那就是只给男孩子看的童话，请女孩子自觉，自觉，再自觉了。我曾经在开会的时候，在一群85后、90后面前大谈皮皮鲁和鲁西西，他们表示："这丫谁啊？""水湄你在地球上有朋友吗？"

好吧，无论如何，皮皮鲁和鲁西西总比杨白劳要显得年轻一点。本文除了写投资，同时也希望扫平老中青三代的文化隔阂（我是不是很伟大啊）。

所以，当我想起“只给女孩子看的童话”的时候，我就很想写这篇“只给女生看的投资经”，所以我也要发表如下声明：

只给女生看的投资经。绝密！请男生自觉！自觉！！再自觉！！！

话说新妈妈水湄同学自从把嘟嘟同学从肚子里扔出来之后，肚子上还有十几斤肥肉，以前的衣服大部分都穿不下了，所以，买衣服就成为当务之急，然后在买衣服的过程当中，发现其实买衣服跟投资在不少地方还挺有相同之处的。

在很多女生心里，投资跟天体物理、宇宙黑洞、薛定谔的猫，以及泡利不相容原理一样冷艳高贵，不可接近。不过，我猜没有一个女生不会不买衣服，所以，用买衣服来解释投资道理，恐怕大家就会觉得薛定谔的猫突然变成隔壁咖啡馆的短毛猫了，俏皮可爱萌意十足。

买衣投资经第一条：不要买你不想穿3年的衣服，投资也一样。

在我最近整理衣橱的过程中，我深深地发现，原来我曾经买过那么多乱七八糟的衣服。化纤质地，一到冬天就电得我四脚乱跳的大衣；滚边不整齐还有很多线头，看上去各种Low的中式外套；看上去就像浸了三周酱油桌布的古怪妖冶的藏红色短袖衬衣。

我不禁反思起当年买这些衣服的时候我是怎么想的，我想的是：“嗯，好像还不错，说不定偶尔可以穿穿。”结果买回来之后，经常就是一次也没有穿过。

然后，我给自己立下一个规定，买衣服的时候先问自己一个问题：“这件衣服会不会陪我3年甚至更久？”然后再决定要不要买。因为这个规定，我就可以把衣服款式锁定在“经典”而不是“流行”。对于我这种懒得搭配、懒得逛街的人来说，这个问题可以把大部分冲动消费扼杀在摇篮里。

当季流行色？没错，是很好看，可是下一季它就不流行了，不符合陪我3年甚至更久的标准。

蕾丝花边？没错，是很公主，可是很难搭配，而且一旧就特别难看，不符合陪我3年甚至更久的标准。

在这样的选择标准之下，最后，我买的都是简单大方的经典款式，贵一点也没关系，因为我打算要穿很长的时间。

其实投资也一样，面对一个投资标的，想着“好像周围人说还不错，说不定会涨上去哦”买入的，通常都会让你后悔。巴菲特曾经说过：“如果你不愿意持有一只股票十年，请不要考虑拥有它十分钟。”

也就是说，不要仅仅因为“有可能涨上去”去买你不喜欢的股票，不要冲动地做决定，否则一定会后悔。

买衣投资经第二条：挑你信任的店去买衣服，投资也一样。

很多“选择恐惧症”患者都有像我一样的痛苦，面对街上几十家店铺，某宝几万家店铺，虽耗费了无数的时间和精力去选择，仍然不免有上当的时候。

我的解决办法也很简单，只挑我信任的店去买。我有一家常去的市中心小店，专卖日单的衣服，他家的衣服质地都非常好，纯棉纯麻的，穿着非常舒服，价格也很宜人，所以从第一次之后，我就成了常客，店主有新货到了会通知我，甚至偶尔在我挑中一件衣服的时候，他会告诉我其实这件性价比不高，不如等下一批新货到。

我当然知道这家店卖的肯定不是最好的衣服，也不是性价比最高的衣服，但是就冲着它为我节省了无数的时间和精力这一点上，我就觉得它确实是对我十分有利的。

在投资产品上也常常遇见相同的问题，比如一直很火热的P2P。其实P2P只是一个平台，所以它跟淘宝一样，上面的产品良莠不齐。如果你只是追求“20%年收益率”的产品就点击购买，那么，就像你在淘宝上点击购买“销售上万的爆款大衣”一样，十有八九你会买到并不如你预期那么好的产品。

那怎么办呢？有一种方法就是寻找信任的店家，依靠它去帮你筛选产品。比如陆金所，虽然很多人嫌弃它家的产品收益率太低，可是不要忘记了，它家产品的风险也低，何况还有平安集团的全额本息担保。当然在此我只是举例，因为P2P的平台和产品我并不是十分熟悉，但是道理是一样的。如果有值得信赖的店家为你进行了产品的筛选，那么就会为你省下很多的时间精力，并且能有效降低风险。

买衣投资经第三条：趁着打折的时候买衣服，投资也一样。

能不为打折疯狂的女性，我不曾遇见过。甚至可以这么说，不为打折疯狂的女性，简直不能称为女性。淘宝“双十一”350亿元的销售额，我敢说，有300亿是女生贡献的。尤其是你明白其价值所在的品牌服装，我说的不是那些虽然写着7折，但把原价抬高两倍的衣服，我是指那些高大上的、很少打折的品牌服装，每到库存或者换季时打折，店内的状况真的只能用“惨烈”两个字来形容。

为什么要趁着打折时买衣服，你傻吧？如果这件5000元的衣服确实就是你要买的，那干吗不以3000元的打折价格买下来呢？

投资也一样，难道说投资也可以买打折产品？

嘿，你没看错，不知道大家是否熟悉“封闭式基金”这种投资对象。其实甄别封闭式基金的好坏，当然也跟其他基金一样，看历史表现，看其投资的主要对象，但还有一点，就是看它是不是打折。由于封基是在交易所里交易的，所以跟股票一样，受到供求关系的影响。也就是说，当市场上有很多人卖，但是很少人想买的时候，它就变成打折商品了——专业名称叫“封基折价率”。

但是对于一个投资产品来说，不像衣服一样有过季的问题，如果明白其内在价值的话，干吗不趁着打折的时候买入呢？

说完这三条买衣投资经，女生朋友是不是觉得立刻大大松了一口气啊？！原来投资并没有想象中的那么神秘厉害，原来买投资产品跟买衣服也有很多相似之处。当然喽，再次提醒你的是，不要冲动消费，买衣如此，投资也是如此啊！

最后，请所有看完此文的男性朋友们跟着我再大声念一遍：“只给女生看的投资经。绝密！请男生自觉！自觉！！再自觉！！！”当然喽，你不自觉我也没办法，因为当年，只写给男孩子看的童话《皮皮鲁外传》我也是看过的啦。

只给男生看的投资经——打游戏，也不耽误学投资

既然有只给女生看的投资经，当然也要写一篇只给男生看的投资经啦，再次祭出咒语：只给男生看的投资经。绝密！请女生自觉！自觉！！再自觉！！！

这片文章当然要从水湄同学的老公——暖手说起。作为一枚“纯直男”，暖手同学的兴趣爱好也十分“直男”，那就是——打游戏！所以，在我以学投资的名义狂看韩剧的同时，他也以做投资的名义狂打游戏。这篇文章就是为了给广大男性同胞一个堂堂正正的打游戏的理由，打游戏也不耽误学投资，学好了给女生赚钱买包包，从此家庭和睦。

话说作为一名IT男，暖手同学从少年时代起就是电脑游戏爱好者。在他写的《零基础的投资之路》里也半骄傲半羞愧地说过，他打星际争霸和魔兽争霸，手速保持在200APM左右（虽然我表示不明白这是个什么玩意儿），业余选手中算不错的了。

关于他打电脑游戏流传最广的故事就是，当年还是最原始的拨号上网时代，当年还是最原始的网络游戏Mud时代（跟各位年轻读者解释一下，Mud是第一代网络游戏，没有图形，只有文字。你一样可以练级、打怪，不过没有图形，只有文字；你一样可以组成团队，一样可以寻找道具，不过没有图形，只有文字），学校老师让同学来喊他开会，讨论他的入党问题。他止在家里打Mud，所以同学电话打不通（嗯，你忘了那个是拨号上网时代了吧），所以同学只能登陆Mud，跟他说开会的事儿。没想到他同学打字慢，刚打了一个字“喂”。暖手心想，哪儿来个级别这么低的新手啊，然后顺手扔了100金币给他。他同学又打字“暖手，我是 ——”还没打完，暖手同学心想：咦，100不够对吧？然后又扔给他300金币。大概在扔了2000个金币之后，他同学才把事儿讲完，暖手这才退出游戏，跑到学校开会。

好好好，这篇文章不是为了说游戏的，赶快回来说正题。

话说2013年的某一天，暖手同学终于下定决心开始玩“暗黑破坏神Diablo III”，之前一直不玩是怕浪费时间。玩着玩着，就越来越兴奋，每天拖着我讲今天又赚了多少钱什么的，我纳闷啊，好歹“暗黑”我也知道一二，不是角色扮演探险打怪模式嘛，怎么听他讲来，变成大富翁游戏了呢?

经他解释了一番，才明白个中道理。

给不玩游戏的同学简单解释一下背景。“暗黑3”的故事非常老套，就是讲英雄拯救世界的。但是做英雄是需要很多钱的，因为需要买装备啊，只有很牛的装备，才能增加攻击力和防御力啊。于是，“暗黑3”的大老板暴雪公司做了一个名叫“拍卖所”的在线交易系统，全球各地的用户可以在系统中交易自己不需要的虚拟设备，结算单位是游戏中的金币。吼吼，听上去是不是很像股票交易所什么的?没错，只是交易物品和结算单位不同，实际上“拍卖所”和“交易所”真的非常相似。

跟一般游戏一样，玩家打怪都可以获得金币，这也跟现实生活里差不多。你准点上班，就有金币（人民币）拿，加班就多拿一点。当时暖手同学在游戏中的工作时间大约是13个小时，所获薪水为25万个金币。

但是，他在游戏中实际的资产是530万个金币，外加2个价值超过1000万的传奇装备（资产）。

钱从哪里来的？！是在虚拟世界里那个“拍卖所”的投资收益所得。如果说打怪相当于一个人的工资固定收入，而拍卖所的交易相当于投资收入的话，那么排除作弊嫌疑（虚拟世界里外挂、现实世界里富二代），那么暖手同学在“暗黑3”的世界里，用了13个小时，投资收入已经大大超过了工资收入，即可以说，已经实现了财富自由。

那么，如何在虚拟世界中赚大钱呢？其实道理跟在真实生活中一样，就是要寻找错位的定价。

举例来说，一把在“暗黑3”游戏当中的装备——传奇弓“掠鸦之翼”，在拍卖所的平均售价在100万至200万元之间，但是偶尔会冒出一把相同的弓（属性略有不同），卖家只定价为20万元。这个时候机会就来了，你可以左手以20万元买入，然后右手以100万元卖出，净赚80万。

相同的情况，传奇弩“暴雪炮弩”的平均售价在1000万元至2000万元之间，但是他曾经仅用70万元的价格就买到过一把。

以正常市场价格的10%甚至5%的价格买来这些便宜货，再以市场价格的80%卖出，只需要做到比市场上的主流价格便宜一点点，就能迅速达成交易了。

其实这就是投资大师巴菲特常常说到的“安全边际”[5]。巴菲特一直强调说，一定要寻找安全边际大的对象来进行投资，这样才有可能避免价格波动带来的不确定性。

假设你对一个投资对象的内在价值有一个客观而正确的判断，拿“暗黑3”中的“掠鸦之翼”来举例，也就是其在拍卖所的平均价格，并以随机属性不佳判断它的内在价值。即“掠鸦之翼”在拍卖所的平均市场价值在100万至200万元之间，假设其属性不佳，那么，内在价值最低不会低于100万元，因此低于100万元的，就是这个投资标的的安全边际。

大幅低于安全边际的投资标的，就具有很高的投资价值，标准的价值投资者认为，这个投资终究会回到它的内在价值的，这就是价值回归。

拿上市公司来举例，假设某公司A的内在价值是20亿人民币，那么，当它以10亿的市场价值出现的时候，请你千万赶紧买了它！

当然，怎么去估算投资对象的内在价值，是一个需要学习的很复

⑤安全边际是根据实际或预计的销售业务量与保本业务量的差量确定的定量指标。在财务管理中，安全边际是指正常销售额超过盈亏临界点销售额的差额，它表明销售量下降多少，企业都仍不致亏损。

杂的过程。但是，基本的逻辑就是这样的，当一个投资对象的价格大幅低于它的内在价值所应有的价格的时候，即安全边际很大的时候，就应该大胆买入，因为价值终究是会回归的。

正如虚拟世界一样，真实世界中也常常会发生“价格错误”的事件。例如2008年爆发的三聚氰胺事件，食用三鹿集团生产的婴幼儿奶粉的婴儿被发现患有肾结石，随后在其奶粉中发现化工原料三聚氰胺。一时间人人自危，市场上奶制品的销量大幅下降，暖手的妈妈还曾经说过“从此之后，很多中国人可能就不会喝牛奶了”。

当时的乳业巨头蒙牛，股价迅速从24元跌到7元左右，但实际上在2008年的三聚氰胺事件中，蒙牛并不是主要的当事人，也就是说，它是被拖累的。因此可以说，当时蒙牛的市场价格出现了错位，低于了它的内在价值。

果然，随着三聚氰胺事件被人逐渐淡忘，蒙牛的价格又迅速恢复过来。那些恐慌的人，也包括暖手同学的妈妈，也就继续到超市买牛奶，并不断说：喝奶补钙，蛋白质丰富，有益健康。

回到“暗黑3”当中来，我去查了一下，暴雪公司决定于2014年3月18日关闭“拍卖行”，原因是“拍卖行的存在导致了暗黑破坏神的核心游戏方式被破坏，并歪曲了提供优秀游戏内体验的初衷”。

其实换个简单的说法，就是越来越多像暖手同学那样的家伙，放着好好的打怪工资不赚，而在拍卖行里通过投资的方式大赚特赚，那些靠打怪赚工资的人表示非常不满，拒绝再向暴雪公司纳税（买游戏），因此，暴雪公司不得已改变了游戏规则。

所以即便你看到这篇文章，你也没办法去“暗黑3”里赚钱了，当然，你因此学习到的投资知识，是不会过时的。

因为，现实中的交易所，在可预见的很长一段时间内，是不会关闭的。

家庭理财的三堂必修课

每个父母都能清楚地记得孩子的第一次哭声，第一次翻身，第一个微笑，第一次走路，第一次喊妈妈和爸爸，第一次亲你的脸颊，第一份亲手为你制作礼物，孩子带来的这些甜蜜的瞬间对父母来说是无价之宝。

如果说，在生一个孩子之前，你处于“一个人吃饱全家不饿”的轻松状态，那么在成立一个家庭，拥有一个（或更多）孩子之后，你身上的担子就重了。你的钱包准备好了吗？

金钱，将成为你和你的孩子都绕不过去的人生必备一课，增强对金钱的认知，了解金钱的增值方式，有助于爸爸妈妈们为孩子今后的生活建立强大的经济后援，同时，也需要尽早帮助孩子建立正确的金钱观，这对孩子们的未来也将是非常有帮助的。

各位爸爸妈妈们，准备好了吗？让我们进入三堂家庭理财课吧！

第一堂课：你为什么要理财？

你为什么需要理财？这个问题也许每个人都有自己的答案，只要没有道德负担，大多数人是不会拒绝更多的金钱的。不过，父母对于为什么理财，一定还有一个特别重要的答案，那就是：生一个孩子，实在是太花钱了！

从怀孕起，查血、查尿、查肾、查肺、查呼吸，医生大笔一挥，你就得带上钱包去付钱。为了加强营养，有机蔬菜、深海鱼肉、时令水果、高营养蛋白的各种补品，恨不得全部补齐。生产选择单人间，要钱；选择无痛麻醉，要钱；接下去奶瓶、奶嘴、清洁液、消毒锅、温奶器，要钱；各种衣服、裤子、袜子、鞋子、帽子，要钱；澡盆、温度计、润肤露、沐浴液、爽身粉、安抚巾，也要钱！对了，还要雇个月嫂，让老娘从老家赶过来，还有请产假损失的奖金和职位……

哦，我忘记说了，这才是你第一年的费用。

让我们来计算一下，一个孩子从出生到大学毕业需要多少钱吧？

0～3岁：（15万～20万）

大部分孩子在1岁前就断母乳了，一般奶粉都吃到3岁左右。按照平均一个月4～6罐奶粉，每罐奶粉200元左右来算，花销在2万至3万元之间。

6个月开始添加辅食，可能还需要补充鱼肝油、益生菌等营养补充剂，每个月平均600元左右，大约2万元。

有了孩子就可能需要阿姨照看，现在一般全职阿姨的费用为2000～4000元不等，取一个中间数，3年下来就要10万元左右。

0～3岁的小朋友长得特别快，衣服鞋袜没多久就要升级换代，还有童车、玩具，再加上早教班、儿童乐园等费用，少说每个月也要1500元，那么3年就是5万左右。

就这么简单一算，0～3岁就需要花费15万至20万元。

3～6岁：（10万）

孩子好不容易长到3岁，可以进幼儿园了，阿姨可以辞退了。一般公立幼儿园也需要500～800元，如果是私立的双语幼儿园，一年5万元真心不算多。再加上参加一些课外的兴趣班，平均每个月算1000元的话，也需要3.6万元。

学龄前儿童已经懂事，父母普遍倾向于带他们出去旅游，还要加上周末的娱乐活动，一年1万元也不算多，这就又需要3万元。还有衣服鞋袜、玩具图书、零食饮料，每个月800元，这就又是3万元。

小学阶段：（10万）

小学的费用比幼儿园只多不少，除了规定的学费之外，还有书报费、伙食费，以及晚托班、兴趣班等等的费用，每学期算4000元的话，5年小学大约需要4万元。

每年的外出旅游，夏令营和冬令营每年需要花费至少6000元，5年起码3万元。衣服、鞋袜、吃饭、零食，再加上玩具和图书等项支出，每年6000元总是需要的，这就又是3万元。

中学阶段：（15万～25万）

中学阶段，如果是公立学校，费用跟小学差别不大，在5万元左右。但是初中和高中，很多父母都会“择校”，这笔费用比较高，一般需要5万至10万元。

到了中学阶段，孩子的要求也更高了，也会需要一些交际和日常的零花钱，一般父母每个月给300～600元吧，这个6年下来也需要3

万～4万元。

同时，课外补习班、购买手机以及iPad等电子产品，这类开销每年也需要至少5000元，6年一共需要3万元。还有饮食服装，每个月算800元，总数也要6万元。

大学阶段：（10万～20万）

学费普遍在每年5000～10000元，4年下来就需要2万～4万元。生活费800～1000元，再加上回家的差旅以及电脑购置等费用，每年也需要1万元左右，那就是4万元。

大学毕业之后如果不选择直接工作，选择考研或出国留学，可能需要更多的额外费用，包括未来孩子结婚可能需要父母贴一部分费用，这些加起来，至少需要30万至50万元。

按上述的基本数据，从一个母亲怀孕起，一直到孩子能够独立生活，最低的费用需要60万元，高一些的话，200万元也不够花的。

看到这里，爸爸妈妈们，有没有一种“心里觉得拔凉拔凉的”感受，别着急，我们以一个孩子从出生到大学毕业22岁，一共花费100万元来计算，每个月大约需要3787元，每年约4.5万元。这对每个家庭来说，虽然不算巨大的支出，但也会造成一定的经济压力，那么让我们来看另外一种方式。

假设你在生孩子的时候，有了30万元的存款，这对一些城市家庭来说，可能并不算高，每年理财的收益在6%左右，也就是说，每年可以产生1.8万的现金流，即每个月约有1500元的投资性收入，这样你每个月的负担就变成 3787−1500=2287元。

如果说，你有50万元的存款，有略强一点的理财知识，即每年能够达到10%左右的收益，那么一年就是5万的投资性收入，刨去通货膨胀的因素，能够基本覆盖你养孩子的费用。

也就是说，具有一定理财知识的家庭，只需要别的家庭一半的本金，就可以完成抚养孩子的重担。如果符合政策的话，你大可再生一胎，反正钱够花。

爸爸妈妈们明白理财的重要性了吧？

课堂作业：算一下你的孩子从现在到大学毕业需要开销多少钱，再算一算，如果你了解理财知识的话，又能省多少钱呢？

微课堂：复利的故事

爱因斯坦曾经说过："复利是世界第八大奇迹，其威力比原子弹更大。"

你现在就可以拿起计算器验证以下事实：10万元以每年30%增长，50年后是497.9292亿元，注意单位是亿，将近500亿，这个数字是真实的，并没有一丝半点的夸张。

当然，在这当中，有三个值得注意的关键点，首先是时间，复利跟时间是呈正相关的。10万元，每年30%的增长，如果是10年的话，只能变成106万。也就是说，要实现复利的威力，你的理财年限越长越好，你开始理财的时间越早越好。

其次是年回报率。30%几乎是一个不可企及的回报率，股神巴菲特的平均年化收益率也才21%，当然人家投资时间已经超过50年了。假设投资回报率只有4%（即余额宝的收益率），那么10万元在50年后也就只有184万。如果提高到10%，那就有1173万了。

再者是本金的多少，起始本金也很影响最后的数字。如果起始本金只有1万元的话，看上去只跟10万元差了9万元，但经过30%的增长，50年之后，本金1万元收益为49.7亿元，本金10万元收益为497亿元，即相差447亿元。从这点来看，早一点，多储存一些本金，对于实现复利的威力，也是至关重要的。

第二堂课：你在理财过程中会遇到哪些问题？

每一位爸爸妈妈，都曾经教育过自己的孩子，要勇敢面对人生中的各种困难。实际上在理财过程中，也会遇见各种各样的困难。以下就以3个虚拟的妈妈形象，解释一下在理财过程中，遇见这些问题应该怎么办。当然，爸爸们也可参考下哦。

●菲儿妈妈：有一个漂亮的6岁女儿，爱帮女儿打扮，自己也爱打扮，某宝的狂热粉丝。家庭月收入不低，但无任何积蓄，认为人生一定要及时享受。没错，她就是一个典型的月光族妈妈。

理财小怪兽出现：现在月光，未来怎么办？

有一本书叫作《30岁之后谁来养你的老》，说的是一位父亲，眨眼间来到未来，他已经变老了，但是因为没有积蓄，无法快乐地享受老年时光。

月光族妈妈最需要挂在墙头的一句话就是："人无远虑，必有近忧"。现在的收入是不少，能够负担所有的支出。但是家庭的抗风险能力为零。当未来遭遇任何状况时，例如公司裁员、通货膨胀，以及重大支出（孩子择校、老人患病），等等，家中都没有足够的经济能力去应对。

打怪兽秘籍：先储蓄，后消费。

菲儿妈妈自己爱漂亮，也爱帮女儿打扮，拿到薪水之后，她第一件事就是上某宝看看有没有可以买的东西。世界这么大，漂亮衣服这么多，多少钱也是不够花的。

改变月光族有一个小秘籍，就是每个月拿到薪水之后，先储蓄，后消费。把储蓄当成比消费更重要的事来做。而且这个储蓄必须不能动，月光族妈妈可以选择一个靠谱的基金进行定投，定投账户与工资卡关联，扣款日期就选择发工资日的当天。这样到每个月的发工资日，资金就被自动转到基金账户，剩下的钱再用来消费。

这样可以逐步改掉自己月光的习惯，同时还能积累自己的第一桶金。

●嘟嘟妈妈：嘟嘟妈妈是一个很谨慎的妈妈。她非常关注孩子的各种安全问题，经常教育嘟嘟过马路要看红绿灯，千万不要随便跟陌生人走。因此，嘟嘟妈妈在理财问题上，也是非常注重风险的，宁愿收益不高，也一定要把风险控制在最低。嘟嘟的家庭收入也不错，但嘟嘟妈妈把所有的积蓄都放在银行里，不进行任何理财。嘟嘟妈妈是一个典型的保险型妈妈。

理财小怪兽出现：过于注重风险，丧失增值机会。

嘟嘟妈妈的风格令人敬佩，注重风险在理财过程中实际上是非常值得倡导的。但是如果过于注重风险，那就会丧失投资机会。现在银行储蓄的利率一般是2%，还比不上通货膨胀，这样下去，嘟嘟妈妈的储蓄只会越来越不值钱。

打怪兽秘籍：尝试低风险的理财方式。

其实低风险的理财方式有不少，很多都比银行储蓄要靠谱得多。比如可以考虑购买债券基金，提醒一下，必须是纯债券式基金，而不是混合型的。债券式基金历年的平均收益率为6%～8%。债券基金的风险实际上是比较低的，尤其是能坚持一定的年限，比如3年以上的话，风险也接近零。

另外，国债逆回购、货币基金套利，还有第三堂课会讲到的买新股+货币基金的方式，都是低风险，但收益还不错的理财方式。

努力尝试去学习一些新的理财方式，保持住控制风险的心态，保险型妈妈也能获得良好的收益。

●小宇妈妈：小宇妈妈乐于助人，非常善于与别人沟通。周围的孩子和家长们都非常喜欢她，因此，她有各种各样的朋友，她也鼓励小宇要多向周围的人学习。但是这样的性格，在生活中是优点，一到理财领域就变成了缺点。小宇妈妈很容易听信周围朋友的建议，前两年有人说黄金很赚钱，她就买了黄金。结果跟众多中国大妈一起，损失惨重。小宇妈妈是典型的“听消息型妈妈”。

理财小怪兽出现：容易听信朋友建议，没有自己的理财主张。

据说世界上最好的孩子是“别人家的孩子”，世界上最赚钱的理财似乎也是“朋友做的理财”。我们总是很容易听说“别人赚了多少”，但问题是，当你听取这些靠谱的朋友的理财建议时，结果却并不像他们形容得那么好。

打怪兽秘籍：努力学习更多理财知识。

其实别人家的孩子，当然有很多优点，但也会顽皮，也会哭泣。世界上没有完美的孩子，只有自己家的孩子。其实理财也是一样的，没有完美的理财方案，只有适合自己的理财。但这种适合，是需要自己不断地去探索的。小宇妈妈如果真的想理财，想有所收获，那就需要花更多的时间和精力，踏踏实实地去学习一些靠谱的理财知识。在听朋友建议的时候，更应该问他们理财背后的逻辑和判断依据，而不是盲目地听信他们的建议。

课堂作业：每个人遭遇的理财小怪兽都不一样，你是不是也遭遇了以上三位妈妈的理财难题呢？或者你是不是有自己特殊的小怪兽呢？赶快学习起来，打败它们吧！

第三堂课：如何明明白白看理财？

很多爸爸妈妈会说，不用上第一课我也明白理财很重要，谁跟钱有仇呢？只不过是理财太复杂了，什么基金、股票、债券、期货，白银、黄金、P2P，完全听不懂，加上身边又有太多听说的理财折戟的故事，搞得很害怕。别怕，第三课的内容就是为你的投资扫盲，这课的内容有很多干货，如果爸爸妈妈能仔细阅读，必有收获！

首先要说明的是，理财是一种能力，这种能力是需要不断进行学习的。我们现行的教育体制中缺乏对“财商”的教育（这也就是为什么父母需要更多地学习这方面的知识，为孩子树立良好的榜样），因此，到了成人之后再来补课，很多人就有点退缩。就像你从来没有学过法语，现在突然需要你带孩子去法国旅行3个月，当然会觉得力不从心。但只要你肯花一点时间，提前学习一些常规的知识，无论是法语还是理财，都不是不能学习的。

那现在我就用一个简单的故事来描述投资的不同种类。

在所有的例子中，大家把小投妈妈想成是你自己，即借出钱的那一方，而我——水湄，就是拿了你钱并为你进行投资的邻居。

第一大类：向很多人借钱，并作为代表把钱借给需要钱的人，赚取差额。（典型代表：银行储蓄）

为什么你把钱存到银行里会有利息？这利息是从哪里来的？

小投妈妈（也就是你）把1000元借给了水湄（因为水湄承诺年底还给你1030块，年息3%），小张、小王、小李、小赵等一共10个同学，也把钱给水湄了。水湄把这些钱（共10000元）又转手借给了要开饭店的A同学，到了年底，A同学还给水湄10000元的本金后，又还了700元的利息（假设公司借贷利息7%），然后水湄把10000元本金还给了你和小张小王等10个同学，同时给予你们利息30*10=300元。水湄还结余400元。

其实你把水湄替换成银行、民间高利贷、小额信贷公司都是成立的。原理都是向很多人借钱，然后再把钱借给需要钱的人，以赚取差额，只是后两种问别人借钱时给予的利息比较高。

关注这一类的投资项目，就要特别关注中间人把钱都借给了谁，那些借钱的人大部分能不能还得出来，而不能只把目光放在收益上面。

例如银行储蓄，因为银行一般都借给有固定资产抵押的大型企业，还不出来的人（坏账率）比较少，因此风险就比较小。而民间高利贷或者是现在最流行的P2P，有可能是借给那些急需用钱，且投资有高额回报的个人或公司，因为没有直接的抵押，借钱人的素质也良莠不齐，因此，遇见大气候不好，还不出来的人的概率（坏账率）就比较高，这就直接影响到投资者的收益，甚至有本金不保的危险。

第二大类：需要钱的人直接问你借钱。（典型代表：国债）

小投妈妈有一天直接遇见了开饭店的A同学，A同学最近生意不错，但是需要多招聘人。他跟小投妈妈说，如果凑足10000元的话，他可以直接在年底还给小投妈妈10700元。小投妈妈想，合算啊，就凑了10000元借给A同学了。

各类债券，包括国债、地方债、企业债，大部分都是这样的类型。借款人跳开中间人，而直接向投资人借款。国债是国家的借款，地方债是地方政府的借款，而企业债就是开公司的A同学、B同学或C同学的借款。

关注这一类的投资，主要是看借款人的资质。例如国债，几乎被认为是无风险的，如果是美国国债的话，除非美国被古巴攻克了，否则还不出钱的概率很小。但是在中国，部分地方债的风险比较高（可以搜索相关资料）。企业债呢，就要看企业资质的好坏了。

假设同样是开饭店，A企业债和B企业债，A同学是远近闻名的厨师，又很勤劳，生意也很红火，只是扩大规模想借点钱，那就值得借。而B同学是开麻辣烫店，上个月刚出现原材料不新鲜被客户投诉的事情，但是B同学想快速扩张，因此借钱来开新店，那就不那么值得借了。

A同学和B同学的故事在现实世界中是很多的，因此，就不能简单地看哪个收益高，而要看企业拿钱具体是做什么的，它的资质如何，还不出钱的风险有多高。

第三大类：投资人成为部分资产的所有人（也可以简单地理解为“股东”），但是不参与经营。（典型代表：股票）

A同学的饭店经营得越来越好，他知道小投妈妈有个亲戚在卫生检疫局工作，因此，跟小投说让他用10万元参股10%，当然如果饭店遇见卫生检疫的问题，小投妈妈也要帮忙走走门路。当饭店盈利的话，小投妈妈能得到分红，但是如果饭店亏损的话，小投妈妈的10万元也会相应地亏损。A同学跟小投妈妈利益共享，风险共担。

股票市场就是这样的方式，股票的优点是它不需要你的亲戚在卫生局，或者你爹是马云。但它的坏处是，在这个市场里，既有A同学经营的发展良好的饭店，也有B同学经营的原料不好的麻辣烫，你必须有一双火眼金睛甄别好坏，选择那些你值得成为股东的公司来参与。

关注这一类投资，很简单，就是要找出那些好的公司，并且选这个公司股票比较便宜的时候来成为股东，而不要被某些忽悠所骗到。

前者，比如说A同学的饭店旁边突然要建设地铁，路有些难走，所以，吃饭的人少了很多。这时候他邀请你入股，就会以比较便宜的价格给你（想一想三聚氰胺事件出来时的蒙牛股价）。你考虑了下，觉得地铁在半年内会修好，而且会给A饭店带来更多客人，因此你觉得很合算，于是入股了。（恭喜你！因为半年后再也不可能以这么低的价格买进了。）

第四大类：你成为该资产的所有人，并以预测未来的涨跌来赚钱或亏钱（典型代表：艺术品投资）。

A同学的饭店里供应燕窝，这次A同学要去印尼进货，临行前，他让你也准备100万元买一点，因为他说，随着政府对燕窝采集的限制，燕窝会涨价的。你听了觉得有道理，因此，就拿出100万元让A同学帮你带了100万元的燕窝回来。

情况A：1年之后，燕窝果然因为政策的限制，很难进口，因此，各饭店以高价收购燕窝，你狠狠赚了一票。

情况B：1年之后，随着环保组织抵抗吃燕窝，各饭店纷纷撤销了燕窝的菜，你的燕窝都在仓库里霉掉了。

这一个大类跟第三大类不同的是，资产本身并没有通过经营来增值（例如饭店是通过对食品的加工来增值），而仅仅依靠某些外部环境的因素（例如阿拉伯地区有战争，石油价格就会大幅上涨）来使其价格波动，而投资者通过预测这些价格的波动来赚钱或亏钱。

大宗商品（包括石油、天然气、黄金、铜、黄豆、玉米）的期货市场，艺术品投资、房地产投资，在某种意义上都属于这一类。关注这一类的投资，则要注意你所投资的具体商品，是相对依靠哪些因素来影响价格波动的，通过对这些因素的综合考虑和判断，做出你自己的投资决定。

四个大类基本讲完了，主要是希望通过这种分类，让大家了解金钱增值的方式方法。可能大家会问，为什么常接触的银行理财产品和基金，没有出现在分类里面呢？这是因为大部分银行理财产品和基金，都是在这四种基本类型里面进行排列组合的，万变不离其宗。

总之，在投资的世界里，不明白的事千万不要去做，不懂不可怕，不懂装懂才最糟糕。弄明白投资背后的逻辑，精心计算风险和收益，用知识和耐心，才有可能换回最后的收获。

课堂作业：这四大类投资产品，你个人更喜欢哪种，为什么？你觉得对于这四大类的投资，你目前最缺乏的是什么？（知识？经验？心理素质？其他？）

微课堂：推荐一个普通人容易忽略的好投资产品

货币基金+买新股

因为余额宝的关系，大部分普通人肯定都明白货币基金是咋回事，对，余额宝就是货币基金。货币基金其实是第三课中讲的第二大类，即基金公司向很多很多人（就是那些站在马云身后的众多的女人们）借钱，然后再把钱借给国家（国债）、政府（地方债）和企业（企业债），因为国家政府不还钱的概率比较小，所以货币基金的安全性很高，当然与之相对应的，收益率也就比较低，一般就是在4%左右。

现在就算是马云身后的女人们也都不满足于4%的收益了，那么怎么办呢？你可以用来买新股。买新股，顾名思义，就是买第一次上市交易的股票，2014年买新股的平均收益率是19.7%。

平时把现金放在货币基金里面，等到有新股上市的消息，把货币基金中的钱拿出来买新股，一年的收益轻松就能超过20%了。

而且我可以负责任地说，这20%的收益率，接近于零风险。家庭理财，稳定很重要，风险越低越好。

当然还有很多低风险的理财方式，比如货币基金套利，比如国债逆回购，比如分级基金套利。当然，这些都需要你花一些时间去学习理财知识。

为什么我从来不过“双十一”

先从一件小事说起。 暖手同学对日本料理情有独钟，上周他过生日，我预约了一家日料店让他Happy下。但那家店有点难找，害我们开过头绕了一大圈，然后又说车库不能停车，只能停到蛮远的一个地方再步行15分钟到店。一路上暖手同学一直愤愤地说，回去就给差评骂死那家店。

但是当菜单上来之后，暖手同学已经没了脾气，当第一批刺身上桌的时候，他已经眉开眼笑了（这孩子还真好哄）。

原因是那家店的东西确实是好，日料刺身没什么烹饪的技巧，关键就是原材料要好。它们家的海胆不玩虚的，很小的碟子，但是满满的都是黄澄澄的很大的海胆。北极贝刺身比我吃过的最好的都大了两圈，厚了一倍。甜虾刺身入口即化。别说暖手同学，连我这种不太爱吃刺身的人都觉得不虚此行。于是，我们立刻预订了两周后的14人团队聚餐。

然后我们共同感慨说，虽然这家店比别家贵了大概50%，但是东西却好了不止一倍，论性价比还是很高，东西不怕贵，物超所值才是真正重要的。也就是说“价值”超过“价格”，就能让消费者满意而归。

近年来的热门话题当然是“双十一”，但我从来不过“双十一”，除了“双十一”，京东、当当打折我也不太参与。这大约跟我的消费观有关系。我们来谈三点。

第一点：对于消费品而言，“需要”比“价格”更重要。

对于投资来说，恐怕明确内在价值之后，价格是最关键的因素。暖手同学为了一家公司股票足够便宜，甚至不惜等上一年两年三年之久，有时候他会感慨当年仅仅是因为不够便宜而没有买入某个公司，现在涨了两三倍不止，但他不会后悔，因为这是他投资的基本原则。

但是对于消费品而言，我觉得明确内在价值之后，“需要”比“价格”更重要。

举例来说，如果是一套房子，明确它是“投资标的”（请注意是投资而不是投机，区别我就懒得说了），你应该有耐心等上个几年，等到价格确实便宜的时候再下手。

但是如果明确这套房子是“消费品”，例如作为婚房用，那么我猜这个时候你考虑最多的应该是“是否需要”，而不是“价格是否便宜”。如果你大婚在即，新娘和丈母娘摆出“没房子休想结婚”的嘴脸，那么无论现在价格如何，你都应该会下手买的。

因此，拼搏“双十一”的问题在于，它往往会以“价格低”使你忘记了“是否需要”这件事。豆瓣上爱书的人多，但是京东、当当打二折三折，你攒够了优惠券买回来的书当中，有多少是已经看完的？而多少又是从此束之高阁的呢？

第二点：对于消费品，也要搞明白“价值”和“价格”的差别。

我看不少人说“去年‘双十一’买的面膜还没用完”。就拿面膜举例吧。

对于一件商品而言，它对你而言是有“价值”的。一般来说，你会购买“价值”高于“价格”的商品。例如一包面膜，假设平时的价格是20元，但是对于你的价值是30元，那么你就会购买。

但是对于不需要的东西、用不到的东西，它的“价值”实际上为

0 。也就是说，你去年买了一包，但是到今年还没用的面膜，哪怕它“双十一”从20元打折到 5 元，因为它的“价值”为 0 ，你仍然吃了 5 元的亏。

我看朋友圈中流传着不少类似“别问我花了多少钱，而要问我省了多少钱”的言论，如果明白“价值”和“价格”的区别，你就不会这么说了。省多少只是“账面数字”，其实死活都是你吃了大亏。

第三点：追逐“双十一”是有成本的。

最后一点其实我觉得最为重要，也是我从来不过“双十一”最大的理由，因为购物这件事是有时间成本的，甚至会养成不太好的消费习惯。

在“双十一”之前，考虑我要买什么，看看哪家店打折最厉害，在“双十一”准备夜宵盯着电脑，手快有手慢无地拼抢，在我看来都是有成本的。时间是成本的一种，精力是成本的一种，还有最关键的是，思维方式也是成本的一种。

我宁愿去思考“如何能赚更多的钱”，也不愿意把时间和精力耗费在“如何能买到更便宜的东西”上。我宁愿去考虑“什么东西我不买也可以”，也不愿意去考虑“如果便宜的话，买回来或许会有用”。

“双十一”其他的弊病大家都听得很多了，有一句话叫“商人就是，千做万做，蚀本生意不做”。我认识一个“双十一”销售额排名前5 0的土豪朋友，“双十一”那天还没过半，我就看见他们家的销售额已经过亿了。但我知道他们家“双十一”卖的产品，肯定是跟平时不太一样的。消费者想占商家的便宜？我能说门儿都没有吗？

一直以来，我会收到不少问我某某投资是不是靠谱的问题，好像最近被问得比较多的是P2P小额信贷，我一般只会说：“如果你明白这种投资方法的风险和收益所在，当然可以做。关键是，不要只想到收益，而完全不考虑风险。”

对于“双十一”的疯狂，我想说的也只有这句话。每个人的消费观念不同，我不过“双十一”，并不意味着你也不要过，平日需要的东西，本来也想买，趁着打折的时候买绝对是无可厚非的。

但是你要明白，“双十一”不仅仅只有打折的收益，也有它潜在的风险，如果你清楚明白你自己在做什么，当然可以快快乐乐地过打折季。但是如果你只是为了追逐打折和降价而迷失了自己，那恐怕就是一场灾难了。

最后附上长投Q Q群的名言：淘宝“双十一”热销说明一个道

理，消费者对短时间内快速下降价格的商品没有抵抗力，以至于暂时忽略了商品的实用价值。这是为了享受打胎优惠专门去怀孕的节奏。哈哈！

育儿消费观

看到苏美的日记——《文艺女青年孕产育指南之只有钱从未辜负我》，深有感触。

我算是消费观正确的人，但是在育儿的时候，仍然架不住购物的欲望滚滚而来。为自己花钱这件事，大约能够得到正确遏制，可是为宝贝儿子花钱这个借口，简直没有任何理由可以阻挡。

苏美在日记里用了一个贯口来写一个现代婴儿所需的各种物质基础：奶瓶刷、奶瓶、清洗液、奶瓶把手、奶瓶消毒锅，大小、冷暖、深浅、薄厚的各种衣服、裤子、袜子、鞋子、帽子、被子、包被、斗篷，澡盆、水温计、浴网、沐浴液、润肤油、润肤露、护臀膏、爽身粉、浴巾、浴衣、干纸巾、湿纸巾、口水巾、安抚巾、牙咬胶、摇铃、床铃、婴儿躺车、坐车、伞车、遮阳棚餐椅、马桶。

我告诉你，一个婴儿专用剪指甲的剪刀，还只是非常普通一般的牌子，70多大洋；一小盒婴儿用棉签（就比普通棉签细了那么一点），20多块大洋；婴儿用浴巾，最便宜的也要200多大洋。之前我在豆瓣上发了一个帖子，说看到一款彩棉的冬衣，又美观又实用又环保，各种喜欢，踌躇了二十分钟，还是没买。有人在下面留言说，不就一件衣服嘛，至于吗？

切，你们以为衣服、尿布、奶粉才是消费最大项吗？

实在是大错特错了！

一两百大洋的婴儿衣服，确实不是买不起，可是婴儿服装如果合身的话只能穿两三个月，实在是不划算。嘟嘟出生以来，室内温暖如春，三四套连体服轮流穿轮流洗，足矣。再多的身外之物只是为了满足大人们的虚荣心而已，不足为凭。

何况，衣服、尿布、奶粉才不是消费最大项呢！

婴儿所需物质，一部分是必需的，例如那三四套轮流穿的衣服。当然用床单裹着也行，但是父母力所能及的状况下，确实没必要用床单裹着。还有一部分是迎合大人们的某种物欲，例如，号称全棉特别舒服的浴巾、毛巾——我自己用的MUJI浴巾材料柔软度我觉得足矣，还比婴儿浴巾便宜呢。

但是还有一部分，是为了减轻妈妈的育儿负担的，例如温奶器、恒温的热水壶、纸尿布、辅助背带、童车啥的。这部分消费是我举双手赞成大力支出的。虽然外婆、奶奶、姨婆、大姨妈动辄说："二十年三十年前，什么都没有，还不是一样把你们这帮家伙拉扯大。"但我还是觉得做妈妈既辛苦，精神压力又大，实在需要各种减少负担的工具。

其实，在没有发明奶水注射器和机器人奶娘之前，温奶器类的工具支出实属有限，最强有力的减负工具就是——保姆！

我深深感激我的月嫂，在专业技术出色的月嫂面前，一切问题都不是问题：再不好用的奶瓶，搞定！再不好穿的衣服，搞定！再烦躁哭闹的小孩，搞定！

但是，现在的月嫂，未来的全职保姆，需要的是：Money！

当然，在很多家庭，这些工作由爷爷奶奶、外公外婆们负担，但我猜，这也不是全无代价的，两代人对教育方法的不同意见，担心父母受累，但最终只能自己受累，还要承受因育儿不专业引发的各种焦虑感。反正左边一堆没清洗的奶瓶，右边一推被弄脏的毛巾包被，以及中间一堆汗湿的内衣，我是不敢随便指使老妈，更别说婆婆清洗的了。

如果保姆可以解决这些问题，那何乐而不为？而保姆的关键，则是金钱。一个有育儿经验、烧饭也过得去的全职保姆年薪小十万，远比尿布奶粉来得贵重。除了年薪之外，还有保姆必须有的居住空间，也是一笔不菲的支出。除此之外，婴儿保健、婴儿按摩、智力开发等等，都属于专业服务的范畴，比起专业服务的开支，尿布奶粉的支出简直可以忽略，但是专业服务给新爸新妈所带来的舒适感，则完完全全物超所值！

可是，难道专业服务才是育儿的消费最大项吗？

你又错了。

我说保姆可以解决问题的时候，一定有不少人会质问说：亲子关系呢？跟父母的感情呢？可不是，专业服务可以解决“物质”以外的“服务”问题，可是没办法解决“精神”的问题。

精神问题主要就是“时间，时间，时间”。保姆跟宝宝待的时间长，会让宝宝对其过分依赖（爹妈、公婆也是一样的），那就需要父母投入更多的时间。

可是，朝九晚五的工作，超长的交通时间，加班应酬以及学习充电，哪一样不需要时间？于是乎，无数爸妈用时间换金钱，并且美其名曰："努力赚钱，不让孩子输在起跑线上。"

当然也有解决方法，全职妈妈就是用金钱换时间的典型解决方案。一年的工资奖金动辄也是十几万、几十万。三五年复出之后，再也无法与同伴竞争同一岗位，这些也是隐形的支出。

再何况，全职妈妈也不是最佳方案，父亲的缺位也会造成孩子性格的某些缺陷。曾有朋友跟我八卦认识的富二代们，说他们大多数心地善良、性格柔弱，究其原因，不能排除从小太多时间跟随母亲，而父亲则忙于工作，因此缺少男性气质。

然而，父母双方都有富足的时间参与陪伴孩子的成长又谈何容易，时间富足的条件就是需要钱啊钱啊。

是，各位看官说得没错，家里没钱，孩子也能茁壮成长，而且能成龙成凤。

但当我午夜被啼哭声吵醒，迅速平息战火的是保姆大人，而我可以翻身继续睡去。当我们并未错过孩子的第一次微笑、第一次入水洗澡时的哇哇大哭、第一次努力把自己的脑袋抬起来的时候，我庆幸！家里薄有积蓄，除了尿布、奶粉之外，我能让自己在享受有个宝宝的幸福之外，有更畅快如意的生活，我庆幸！

他们用投资改变了自己和生活（六）

先行者 6 号——by 鸡蛋笑笑

愿我们都能在投资中找到自己闪光的一面

长投网，其实我在大学的时候就知道了，但是，却一直没有报名学习，因为虽然只有几百，但那时候对一个学生来说，也是小半个月的伙食费。但工作之后，我就立马报名了，并逐步完成了初级课和进阶课。

以前从来没有想过自己会在网络上花钱学习，当我和朋友说，我在网络上学习一门课，他们总是很怀疑我是不是脑袋被驴踢了。在他们看来，所有的东西只要百度一下就能知道，根本没有必要在网络上学习一门课，但自从我学完课程之后，我觉得还是非常值得的。让我从一个理财小白初步建立了投资的框架，改变了我以往认为股市就是听小道消息发财的观点。

同时，在学习的过程中，我也更加自律，为了完成作业，我会认真地研究公司的报表，看各类券商资料，关注公司的管理层，甚至阅读他们的传记，阅读有关企业成长的书籍。在这个过程中，我不单完成了作业，更深刻地认识了这家企业，一家家企业仿佛从一个模糊的影子，渐渐地丰富饱满起来，有了眼睛，有了血肉，有了灵气，有了性格。

平常逛街的时候，那些平常熟悉的牌子，我都会思考一下，这家店有没有上市，管理层怎么样，这里有多少家它的连锁店，现在生意怎么样。在我的世界里，所有的店都变成了上市企业和非上市企业。就像彼得·林奇说的那样，我学会了在自己的身边寻求投资机会，发现一些东西。可以说，学习投资让我改变了看世界的方式和角度，将一个企业由外而内，逐层剖解，变成了一件饶有趣味的事情。

现在的我，更愿意在学习上投资自己，比如，报名一些在线课程，如mooc这类在线学习网站，丰富自己的内涵，学习的过程不单是学习知识，更是对自己的一种肯定。从前的我很不自信，存在感微弱，但现在，我知道只要自己想做，自己绝对做得到。虽然，我还是那个内向的我，在人群中存在感还是很微弱，但我已经学会了淡然，我能看到自己优秀的一面，我知道我已经不是原来的我了。现在的我更好地学会了如何与自己相处，不会刻意地去寻求所谓的存在感，只要我知道自己很棒，有毅力，很自律，能坚持。我相信内心有所信仰，必会有所回报。

投资的路很长，成长的路更长，愿你我都能在投资学习的过程中发现自己闪光的一面。

结束语

你的游泳技能是看书学会的吗

你是愿意让一位读过上千本医学书籍，但是从未给病人动过一次手术的医生为你做心脏搭桥手术，还是选择一位做过上千次心脏搭桥手术，但是从没有读过一本医学书籍的医生来为你做手术？答案不言而喻。

学习游泳最有效的途径，是从书上看到正确的游泳姿势（或者是视频，或者是教练指导），但这仅仅是理论知识，几乎没有人因为这些理论知识就变成游泳健将了。大部分的人，都是带着理论知识下到水里，突然发现理论不管用了，自己呛水了，自己沉下去了，自己手脚不协调了，然后慢慢地发现问题，更正错误，才慢慢最终学会游泳的。

我跟我先生有一次去尼泊尔参加滑翔伞体验，就遇见两个完全不同类型的教练。他的教练足足花了15分钟，跟他讲解了怎么打开伞包、怎么调整呼吸、怎么起飞，非常详尽，他后来嘀咕说，这些知识在飞的时候完全记不住。

而我的教练就告诉我一句话：“我喊一二三，你跟着我一起用力蹬地。”他喊完一二三，我们一起用力蹬地，然后我们就飞起来了。当我们飞在天空的时候，教练才跟我说，先感受下这种飞翔的喜悦和幸福，下次我再慢慢地告诉你一些技巧性的内容，而这些技巧，只有当你飞过之后才能理解。

学习投资和理财也应该是一样的。不少人在真正进行投资之前，看了不少书，听了不少所谓投资高手的言论，但这些跟书本和视频上的正确游泳姿势一样，都纯属理论。糟糕的是，很多人因此就认为自己已经懂了很多，已经成为一个投资高手，然后把很大一笔钱，投向自己认为正确的投资对象，结果也是不言而喻。

投资其实是一门实践性很强的学科，仅仅依赖于理论知识是不够的，这是因为：

1.投资是理性与感性相结合的学科

投资是一门非常讲究逻辑和理性的学科，但如果仅仅是这样的话，超级计算机就应该是最高明的投资者了。但事实上，整个投资市场是很受投资者对未来的乐观或者悲观预期的影响的。至于个人投资者，就更要面对在心理上的种种考验。

你买的某只基金，今年回报率大幅低于同类型的基金，你是否还会坚持下去？你所购买股票的上市公司，盈利状况一直非常好，但突然爆发了管理层贪污的丑闻，引发了股价大跌，你又是否能冷静地分析，不受恐慌情绪的影响？

这些跟个人感情相联系的技巧，绝不是你看几本书，或者站在岸上就能体会到的。不早点下水实践，怎么能意识到自己的问题所在呢？

2.每个人适合的投资方式是不同的

巴菲特有一个说法，叫作“能力圈”，也就是每个人的能力范围是不同的。因此，每个人适合的投资方式也是不同的。

我认识一个长辈，她在10年前开始购买房产，她的投资理念非常简单而有效。那就是只买她自己小区附近的房子。因为她熟悉这周边的环境，也熟悉这周边的房价水平和房型。甚至，因为一直在附近看房子，有很多人卖房的时候，直接来问她，而不是通过房产中介。由于对于投资对象非常熟悉和了解，一套房子是否有利可图，她看过一次之后就心里有数。这还不算，由于她已经在附近买了七八套房产，因此，装修和维护都有熟悉的工程队，价格也便宜。面对房客，她可以给予七八种不同的选择，导致她的房客都是熟人介绍熟人，房子的空置率也比别人低很多。这个长辈也曾经投资过黄金股票甚至大豆期货，毫无例外，因为不了解投资对象，超出了她自己的能力圈，都是以亏损失败的。 最终，她还是回到了自己熟悉的投资领域里。

所以，早点进行实践，早点发现自己的能力圈所在，也是很重要的。

因此，如果真正想成为投资高手，至少想让自己的投资不亏本的话，你需要做的，首先是尽早扑到水里去，尽早进行实践。不要再收集很多很多的资料，看很多很多的书，听很多很多靠谱不靠谱的投资高手的建议了，要早点扑到水里去。只有这样，你才能早点积累经验，慢慢成为一个成熟的投资者。

其次，也要提醒各位投资者，刚开始学游泳的人，不会去深水区吧？学习投资也是一样，要有一定的防护措施。要明白实践的早期主要是积累知识、积累经验，因此，刚开始不要投入太大的资金，从比较简单的投资对象开始，通过实践，多学习这方面的知识，即便有些亏损，也不要过度恐惧，谁学游泳还没呛过几口水啊？！

没有人是通过纯理论的知识学会游泳的，跳到水里去，你才能学会游泳。

附　录

向投资小白推荐的学习书单

如果说理财投资是一个游戏的话，那么，这个游戏当中有一些基本的规则。最重要的一条，也是最容易被忽略的一条就是：收益和风险成正比。

大部分人眼里只看得到收益，而且是越高越好，就很容易忘记风险。在理财投资当中，利用杠杆和一时运气，是有可能达到100%，甚至更高的收益率的，但是不要忘记，风险也同比增长。

以下是各类投资的常规收益率（美国数据）：

银行存款2.5%，1年期国债3%（基准利率），5年期国债4%，10年期国债5%，抵押公司债6%，标普指数7%，无抵押高收益公司债8%，小盘股12%，房地产15%，风投25%。

这几个数字是常识，请牢牢记住。一般来说，这些投资对象的收益率会在这个附近波动。小幅波动，可能是机遇，但如果过大背离这个数值，就很可能是骗局。

另外一个很重要的点：知其然，还要知其所以然。

其实在刚开始资金量小的时候，不用太在意盈利，应该在意的是“为什么亏损”“为什么盈利”。如果说投资跟做科学实验有什么相同的话，那就是“实验结果可重复显现”。

举例来说：在真空条件下，把羽毛和铅球从高处往下扔，两者应该是同时落地的。这是自由落体运动。只要满足在真空中这个条件，无论你在哪个地方扔，扔1次还是500次，结果都应该是一样的。

所以，如果你今天穿红袜子，你买的股票涨停了，然后你得出结论说，只要穿红袜子，买股票就会涨停。大家不要笑，这种例子实际上有很多。

所以，当你赢的时候，你要知道是什么原因让你赢，而且要反复检验这种“赢”是否符合逻辑，是否可重复。当然，你“亏”的时候，也不要过分沮丧，更不要把原因归结为“中国是政策市，没法投资”之类。

实际上，投资理财并不像专家们鼓吹得那么难，保持合理的心态，寻找合理的逻辑，学习相关的知识，你是有可能比身边的人赢得更高的收益率的。投资是一种技能，跟学习英语没什么两样，只要有正确的方法，持续地练习，总是会看到效果的。

学习投资是一个漫长艰难而又有无限乐趣的旅程，这当中，少不了前辈的引领。以下是小熊同学（即暖手同学，即水湄同学的老公、合伙人和吵架对象）列的投资书单，仅供大家参考。

【大师类】

《彼得·林奇的成功投资》 ★★★

这本书恐怕是很多朋友投资的入门教材，特色就是很能鼓舞大家投资的士气。但是问题是把投资说得太简单了，很多人一放下这本书就兴冲冲地去投资了，照着里面的规则来投资，下场就不用说了。

《战胜华尔街》 ★★★☆

彼得·林奇的另一本书，比起上一本好点，多了点干货。彼得·林奇的书的好处是，很好看，看着很过瘾。但是还是提醒一下，不要照着里面的故事依葫芦画瓢地投资，不然会吃亏的。

《怎样选择成长股》 ★★★★

另一位大师费雪的名作，也是他唯一的一本著作。这本书最大的特色就是定性分析无敌，费雪的问题当然也在于这里，过分强调定性分析而忽视了定量。当然书中介绍公司的定性分析方法还是很精彩的。

《巴菲特传：一个美国资本家的成长》 ★★★☆

又是一本关于巴菲特的书，讲的是巴菲特的历史。如果你对巴菲特的历史不熟悉的话，建议看一下。

《约翰·聂大谈投资》 ★★★★

这本书恐怕没多少人听说过，就像约翰·聂夫没多少人知道一样。约翰·聂夫是著名的温莎基金的基金经理，他执掌温莎基金31年，22次跑赢市场，投资增长55倍，年平均收益率超过市场平均收益率3个百分点以上。他开创了低市盈率投资方法，这是价值投资法的一种表现形式。

《聪明的投资者》 ★★★★★

我大概看了五六遍吧，每一次都有新的体会。这本书是巴菲特的老师格雷厄姆的心血之作，包含了格雷厄姆价值投资的精髓，也包含了小熊最喜欢的量化的精髓。当中还有个插曲，当时小熊和水湄新婚旅行去尼泊尔，把这本书落在尼泊尔的长途车上了。回来后心痛不已，马上重新买了一本。

《邓普顿教你逆向投资》 ★★★★

美国著名长寿投资者邓普顿的投资课，读起来生动有趣，又能让我们感悟。邓普顿爵士在进行价值投资的时候，价值投资这个词恐怕还没有出世。但是这不妨碍他做投资，邓普顿爵士本能地察觉到哪个公司，甚至是哪个国家被低估了。他的名言——“买入最好的时机是在街头溅血的时候”，也是小熊最喜欢引用的。

《股市稳赚》 ★★★★

小熊最喜欢的两个投资者之一，乔尔·格林布拉特的投资教材，整本书更像是一本故事书。因为乔尔想要让这本书连他的儿子、女儿都能看懂，导致的问题就是过分简单了，屏蔽了很多的细节，所以显得通俗有余而深刻不足。不过里面至少介绍了乔尔分析公司盈利的思路，小熊已经把它吸纳进我的投资体系中，也在进阶课第一课里做了介绍。

《安全边际》 ★★★★★

小熊最喜欢的两个投资者之一，塞斯·卡拉曼的唯一一本书。这本书，第一次看时，小熊觉得很平淡嘛，没什么稀奇的。但是以后每一次重看都有更深的体会。在ebay上，这本书的签名版被炒到了1000美金一本。

【历史类】

《伟大的博弈》 ★★★★☆

不知道有多少人学习投资，或者学习价值投资入门的书竟然是这本。当时选这本书作为第一本道理很简单，这是我找到和下载的第一本书，而且书的内容通俗易懂，就是讲故事。但是这个无心之举，反而收到了奇效。就像杨威利元帅学习军事史成为一代名将一样，学习金融史，也能够帮助我蔑视一切市场反常的波动，因为不论多么大的波动，华尔街历史上都经历过了。那时恰逢2007年底到2008年，美国股市正好是自由落体下跌的时候，我的心理承受能力倒是因为这本书好了很多。

《戴维斯王朝》 ★★★☆

也是一部不怎么出名的投资书，讲述的是美国戴维斯家族的投资历史。当中最有价值的就是戴维斯双杀和双击这两个概念，具有实战意义。

《滚雪球》 ★★★

我把这本书归到这里来了，因为滚雪球这本书又臭又长，基本上属于巴菲特的自传类。当中投资部分其实只有30%左右，更多的是巴菲特的历史和人生感悟。

《赌金者：长期资本管理公司的陨落》 ★★★★

这也是一本值得反复玩味的书，讲的是美国金融史上很著名的一只由两个诺贝尔经济学奖得主和几个数学教授组建的大型对冲基金，最后破灭的故事。比起他们来说，高盛操纵大宗商品市场和巴克莱操纵短期利率显得小儿科了很多。

《华尔街顶级证券分析师的忏悔》 ★★★☆

三年前看的，书写得也还可以，当中最经典的是，顶级证券分析师的投票竞争流程。时隔三年，五月线下活动的时候，某院生就是在基金公司工作的，透露给我们证券分析师是如何工作的：分析师是由所有的基金经理投票的，所以，分析师最重要的不是分析技能，而是和各位基金经理的关系。比如，某基金经理持有的股票你要评级高一点，那他在客户面前也有点面子。然后这基金经理就会投桃报李，分析师评级的时候投你一票。至于说分析报告，找几个实习生拼拼凑凑就可以了，反正都有模板的。

我当时听了大惊失色，这不是和本书的内容雷同嘛。中国金融市场改革，国外好的倒没学会，这一套倒学了个十足。

【教材类】

《巴菲特致股东的信：股份公司教程》 ★★★★★

其实这本书才是巴菲特投资思想的精髓，当中很多的段落都值得我们反复思考。建议看上十遍以上。

《股市真规则》 ★★★★

也是我一开始看的几本书之一。这本书最强的地方就是把几乎所有的行业都点评了一遍，每个行业注意的要点啊什么的。但是问题也是流于广而不精，这当然也是没办法的。看完这本书，你会觉得自己似乎每个行业都懂一点，但是真正要投资的时候，却又不懂了。

《你能成为股市天才》 ★★★★★

这本书，恐怕是小熊看过最多遍的一本书了，我一直放在床头反复地看。当中充满了乔尔·格林布拉特公司分析的精髓。根据里面教授的投资知识，小熊这两年也在慢慢拓展自己的能力圈。说实话，比起巴菲特，乔尔是很愿意和大家分享自己的投资分析和心得的人。这点也教会了小熊、多多和大家分享自己的投资技巧心得等。

《证券分析》（1965版） ★★★☆

比较干的一本"大砖"书——大得像砖头一样的书。这本书的名气很响，但是其实指导我们投资的内容不多。这本书倾向于大而全，导致内容太多，我不知道有多少人能够坚持看完。反正小熊看了一遍之后就再也不想看了。

《巴菲特的护城河》 ★★★★

晨星公司投资部主任写的书，详细分析了各种护城河的成因、判断方法，以及如何量化。小熊也将它纳入了自己的投资体系，初级课中的护城河理念就是从这里来的。

【触类旁通】

《芒格的各类演讲》 ★★★★

比起巴菲特，芒格更出世，所以，他的演讲也更深奥一点。但是如果你能够耐心思考他所讲的内容的话，你将会发现芒格的思想是一整个体系，而投资只是当中一小块。

《股票投资大智慧》 ★★★★☆

从严格意义上讲，这本书并不是投资书，但是它胜过大部分投资书。他讲述的是芒格的栅格思维方式，帮助我们锻炼、思考各种问题，包括投资的能力。

《寻找下一个星巴克》 ★★★

这本书是从定性的角度来分析咖啡巨头星巴克是怎么产生的。当然更多的是历史分析，不过当中还是有一点干货的。

《魔球》 ★★★★

这书也出电影了，布拉德·皮特主演的，不过电影没书精彩。整本书讲述的就是，棒球界从定性分析到定量分析的一个过程，值得我们思考。

《价值投资者文摘》 ★★★★☆

一共厚厚五十本，放满了我家书架的两层。当中的文章大多数都是从美国的《杰出投资者文摘》翻译过来的，都是很好的文章。有些乍一看和投资没有任何关系，但是开阔眼界是投资的一大要素。而且常言道，“功夫在诗外”，不同的学科可以让我们有不同的感悟。当然，投资的基础教材还是首位的，因为就算功夫在诗外，那也得先学好了做诗，然后再开发外面的功夫吧。